JN092873

なぜ重力は存在するのか

世界の「解像度」を上げる物理学超入門

野村泰紀

マガジンハウス新書
024

はじめに――「世界の解像度」を上げる物理学超入門

本書では「重力」をキーワードに「ニュートン力学」から「相対性理論」、さらには「量子力学」までを概観し、「運動・時間・宇宙」の仕組みに迫る知的探求の旅へとみなさんを誘います。**「重力はなぜ存在するのか？」という問いは、物理学の歴史の中で極めて重要な役割を果たしてきました。**数多《あまた》の物理学者がこの謎に挑み、自然界の基本的な法則や宇宙の構造を解明していったのです。

17世紀にアイザック・ニュートンが発見した万有引力の法則は、重力があらゆる物体に働く普遍的な力であり、この力が物体の質量に比例し、距離の2乗に反比例することを示しました。万有引力の法則は、地球上の物体の運動から惑星の軌道までを説明する画期的なものでした。

時代が下り、20世紀初頭にアルベルト・アインシュタインが提唱した相対性理論は、重力を時間と空間の歪みとして説明しました。物質が時空を歪め、その歪みが重力と

して現れるという この理論は、ニュートン力学では説明できなかった現象を解明し、ブラックホールや宇宙の膨張といった新たな宇宙像をもたらしました。

さらに、量子力学の発展によりミクロな世界の法則が明らかにされましたが、重力との統一理論はまだ完全には解明されていません。重力を含む量子重力理論の確立は、現代物理学における最大の課題の1つです。

このように、重力の理解は物理学全体の発展において中心的なテーマであり続けています。

重力はまた、宇宙の大規模な構造と進化を理解するための鍵でもあります。銀河の形成、恒星の進化、宇宙の膨張など、重力はこれらすべての現象に深く関わっています。ビッグバンから現在までの宇宙の歴史を理解するには、重力の働きを正確に理解することが不可欠です。また、重力波の観測などの新しい技術は、物理学の新しい分野を開拓し続けています。

「物理学」という言葉が使われるようになったのは、ほんの数百年前からのことで、物理学は時代とともに変化しながら発展してきました。

現在、**物理学は大きく、「古典物理学」と「現代物理学」というふうに分けられます**。古典物理学は、「ニュートン力学」と「相対性理論」で、17世紀から20世紀初めにかけて確立してきた物理学です。ロケットの軌道が予測できるのは、ニュートン力学と相対性理論のおかげです。

一方、現代物理学は、「量子論」という、20世紀に入って発見された物理学を含む理論体系です。量子論は、古典物理学ではとても説明することができない不思議な自然現象が見つかり、その物理現象を説明するために生まれました。したがって、古典物理学は、量子論を含まない物理学の体系のことをいいます。

かつて、「物理学は、ニュートン力学によって完成した。もはや、我々が今後やるべきことは、応用分野のみである」と言われたこともありました。ところが、20世紀に入り、科学者たちが実験や観測を進める中、理論と実験結果とがまったく合わない自然現象が発見されるようになりました。そこで、「物理学を根本から見直さなければならない」という事態に直面したのです。

量子論は、主に素粒子（それ以上分割できない究極に小さい粒子）などミクロな世界の物理現象を扱っているため、日常生活を送る中で、私たちは直接それを感知することはできません。素粒子が無数に集まることで、素粒子がもつ量子論的な性質（量子効果）は、事実上、均《なら》されてなくなってしまうのです。そのため、20世紀に入り、理論物理学や観測技術が発展するまで、人類は見つけ出すことができませんでした。

とはいえ、現代物理学の核である量子論が発見されたからと言って、古典物理学が不要になったわけでは、決してありません。

たとえば、私がいるアメリカでは買い物のとき、お釣りが9ドル98セントなど端数の場合、10ドルくれることがあります。それは、端数を切り上げてしまうほうが、きっちり1セント単位で収支を合わせるために使う労力よりも、労力を低く抑えることができて合理的だからです。商売の目的はあくまで利益追求であって、収支を完璧に合わせることではないという考え方です。

同様に、ある物体がどのように動くかを予測する際、もし量子論を使って完璧な予測をしようとすれば、極めて難しい計算が必要です。しかし、たとえばボールの軌道を予測するときなど、0・0000001㎜のような極端な精度が必要でない場合には、量子効果を考慮する必要はないでしょう。こういった場合にはニュートン力学を使えば十分です。つまり、「ニュートン力学は不要になった」というわけでは決してなく、単に自然現象には、量子効果を無視できる領域があったということ、そしてその量子効果を無視できる領域の中で私たちは生きてきたということです。古典物理学は、ある条件下、領域においては、十分な精度で物理法則を記述できる理論なのです。

一方で、私たちには感知できない領域の世界の話だからといって、「量子論は自分には関係ない」と思うのは早計です。たとえば、今や生活に不可欠なスマートフォンやパソコン、家電製品にはコンピュータが搭載されており、デジタル社会である現代において、コンピュータなくして私たちの生活は成り立ちません。そんな現代社会の根幹を成すコンピュータは、実は量子論に基づいて動いています。量子論は私たちにとって、決して無縁な世界ではないのです。それどころか日々最もお世話になってい る理論とも言えるのです。

しかし、量子論も、物理学の最終形態ではない可能性は十分あります。現在のところ、量子論には、理論的な不備などは見つかっていません。理論と実験結果や観測結果が合わない現象も発見されていません。それは単に、人類の科学技術が追いついていないだけで、さらに高精度で物質を観測できるようになれば、理論と合わない領域が発見される可能性は十分あります。もしそうなれば、自然科学に新たな革命が起こることでしょう。物理学はそのようにして発展してきたし、今後もそのように進んでいくと考えられます。

本書は、YouTubeチャンネル『ReHacQ』（リハック）の動画を元に、新規の内容を加筆してまとめたものです。動画出演のきっかけをくださった『ReHacQ』プロデューサーの高橋弘樹さんに感謝を申し上げます。

私は研究者たちの「好奇心」と「情熱」が物理学を発展させてきたと思っています。物理の細かい公式や計算法を覚えることも大切なことではありますが、まずは、物理学を学ぶ楽しさを知ってもらいたい。そう思って、本書を書きました。中高生でも理解できるように、難しい数式などはできるだけ使わずにまとめたつもりです。

本書が、世界に対するみなさんの「解像度」を上げるきっかけになれば、これほどうれしいことはありません。

野村泰紀

なぜ重力は存在するのか◎もくじ

2章 「時間」と「空間」の謎を解く【相対性理論】

3章 物理学の常識を一変させた量子の力【量子力学】

4章 量子力学と相対性理論を統合する【現代物理学】

1章

「世界の仕組み」は3つの法則で説明できる【古典物理学】

1章で解き明かす謎

Q1：物理学はいつ始まり、どうやって発展してきたのか？
Q2：ガリレオが発見した「慣性の法則」とは何か？
Q3：発射した砲弾が「曲線」を描くのはなぜか？
Q4：「天動説」から「地動説」へ――コペルニクス的転換はなぜ起きたか？
Q5：天文学を「物理学」の視点でとらえたケプラーの功績とは？
Q6：物理学の超基本「運動の3法則」とは何か？
Q7：リンゴは木から落ちるのに月が落ちてこないのはなぜ？
Q8：物体の運動が解ける「微分積分」の発見者は誰か？
Q9：「ニュートン」と「電磁気力」との間に生じた矛盾とは？

物理学の礎を築いた巨人「ガリレオ」

まずは、物理学という学問のはじまりから、重力の重要な働きを解明した「ニュートン力学」に至るまでを紹介していきます。だいたい、中高6年間の物理の授業で習う内容です。

今回は教科書とは違って、**ガリレオ、ニュートン、ライプニッツ、ケプラー、コペルニクス……といった物理学の礎を築いた偉大な物理学者たちに焦点を当てていきます。**彼らが人生をかけて見つけ出した発見や法則が、連綿と受け継がれ、今の物理学につながっていくという、学問のロマンも感じてもらいたいと思います。

物理学のはじまりは、17世紀初め、ガリレオ・ガリレイが自作の望遠鏡を使って天体観測を始めたことにあるとされています。ガリレオと後に出てくるアイザック・ニュートンは物理学においては〝超スーパー巨人〟で、エポックメイキングを起こした人物です。この2人は、重力に関する重要な発見もしています。

ガリレオはイタリアのピサという町で生まれました。そして、父の強い希望により、医者になるべくピサ大学に入学します。

当時、大学での自然科学に関する学問は、古代ギリシャの哲学者アリストテレスの学説が中心でした。アリストテレスは、「自然の本質は運動にある」と考えていました。たとえば、天体の円運動や地上での物体の落下運動は、現在では、重力（万有引力）によるものであることがわかっていますが、**当時は、「自然的運動」と名付けられ、物体そのものに由来する運動であると考えられていた**のです。

アリストテレスは「天動説」、すなわち、地球の周りを太陽や月などの天体が回っていると考えていました。ガリレオは、通っていたピサ大学で、そういったアリストテレスによる自然科学に関する書物を読み、学んでいました。

しかし、そんなガリレオに大きな転機が訪れます。のちに師となる数学者オスティリオ・リッチと出会ったことで、古代ギリシャ時代の数学者で天文学者のユークリッドやアルキメデスの著書を知り、数学への興味が一気に芽生えたのです。

特にガリレオが衝撃を受けたのが、「アルキメデスの法則」でした。これは、「物体は、流体（空気や水などのように一定の形をもたず、力を加えると自由に変形して流れる物質）の中では、それが排除した流体の重さだけ軽くなる」というものです。正しくは、「流体の中に置かれた物体には浮力が働き、その大きさは、物体が排除した流体の体積に比例し、その重さに等しい」というもので、「浮力の法則」とも呼ばれます。アルキメデスは入浴中、湯船に浸《つ》かっているときにこの浮力の法則を発見し、「ヘウレーカ（発見したぞ）！」と叫びながら、裸のまま家に走って帰っていったという有名な逸話が残されています。

　アルキメデスは、古代ギリシャの都市国家シラクサの人で、当時、シラクサ王のヒエロン2世は、ある金細工師に金を与えて王冠を作らせていました。出来上がった王冠は金と同じ重さだったものの、王冠を見た王は、金細工師が与えた金の一部を盗み、代わりにより安価な銀を混ぜていたのではないかと疑いました。そこで、アルキメデスに検査を依頼しました。考えをめぐらせていたある日、アルキメデスは、**自分の体を湯をいっぱいに入れた湯船の中に沈めたとき、自分の体積に等しい量の湯が湯船から溢れ出す**という事実に気づきます。そして、さっそく、王冠を使って実験を試みたところ、王冠と材料の金は同じ重さであるものの、水中に沈めたときに溢れる水の量は王冠のほうが多かったことから、王冠には金よりも比重が軽い銀が混ぜられていることを確証し、金細工師の不正を見抜いたのです。

こうして、ガリレオは自分の進むべき道を見つけ、医学部へ進む前にピサ大学を退学。リッチに師事しながら、数学と、物理学の一分野で重力とも密接に関わる「力学」の研究に傾倒していったのです。その研究が認められ、ガリレオはピサ大学の学芸学部で数学教授としての職を得ます。

実験により仮説を実証する手法を初めて導入したガリレオ

ガリレオと言えば、ピサの斜塔で重さの違う2つの球を同時に落とした落下実験が有名ですよね（本当はこの実験は行われていないようですが……）。物体の落下運動については、ガリレオの時代においても、アリストテレスが唱えた説が根強く信じられていました。その説とは「重い物体は軽い物体よりも速く落下する」というものです。その説によれば、重い球は軽い球よりも速く落下するはずです。

しかし、ガリレオは、この説を疑いました。ピサ大学の教授時代、熱心に力学を研究し、**「物体が重力により落下する速度は、物体の重さに依存しない」**ことを明らかにしたのです。自然の物理法則を検証する際、まずは仮説を立て、実験を繰り返すことで、その仮説を検証するというのは、今や自然科学においては当たり前の手法です。しかし、このような**科学的手法を最初に始めたのがガリレオだったということは、物理学における重要なポイント**なので、ぜひ心に留めておいてください。

ただし、これは「落下運動の速度がずっと一定ですよ」と言っているわけではないので、注意が必要です。たとえば、ガラスのコップをビルの1階から落としたときと5階から落としたときでは、壊れ方に大きな違いがあります。重力による落下運動は、距離が進むにつれて、次第に速くなっているので、より高いところから落としたほうが大きく壊れるわけです。

しかし、ビデオカメラがなかった時代、落下する物体の運動を詳しく観測するのは非常に難しい。そこで、ガリレオは、斜面で球を転がす実験を何度も繰り返し、その様子を精密に観測していきました。その結果、**「重力による落下運動では物体が落下する距離は、落下時間の2乗に比例する」**ということを発見しました。これは、「落下運動の法則」や「落体の法則」と呼ばれます。そしてさらに研究を進め、「落下運動において、物体の落下速度は、落下距離ではなく、落下時間に比例する」ことも明らかにしています。ガリレオは重力による落下運動の重要な法則を明らかにしたのです。

加えて、ガリレオは、斜面上の球の運動に関する実験を通して、「慣性の法則」という極めて重要な法則も発見しています。これは、**「動いている物体は、力を受けない限り、同じ速度で、まっすぐに運動を続ける（「等速直線運動」という）。静止している物体は、力を受けない限り、静止した状態を保ち続ける」**というものです。

ただし、当時、ガリレオが発見した慣性の法則には、正確性に欠けている部分がありました。それをより正確な法則へと最初に導いたのは、フランスの哲学者で数学者のルネ・デカルトでした。そのため、慣性の法則は、現在では、ガリレオとデカルトによって発見されたとされています。

「激しい戦争」から生まれた発見

さらに、ガリレオは、発射された砲弾がどのような軌跡を描くのかについても熱心に研究しました。当時、ヨーロッパでは、各国がヨーロッパの覇権をめぐり、激しい戦争が繰り返されていました。強力な威力をもつ大砲を敵に命中させるためには、砲弾がどのような軌跡を描いて飛んでいき、どこに着弾するかを精密に予測する必要がありました。このことは、国家の存亡に関わる重大な問題だったのです。現在では、空中に向かって飛ばした物体の描く曲線がどのような形をしているかは、理科の授業で習うので、知っている方も多いでしょう。しかし、当時は予測することができませんでした。この問題を見事に解決したのがガリレオだったのです。

空中へ飛び出した砲弾は、仮に地球の重力（万有引力）がないとすると、慣性の法則に従い、発射された方向に向かってまっすぐに飛んでいくはずです。しかし、実際には砲弾は、地面に向かって徐々に落ちていく。ガリレオは、砲弾の進む速度を、重力を受ける向き（鉛直方向）と水平方向の2つの成分に分けて考えました。鉛直方向の運動と水平方向の運動は、互いに影響し合うことなく独立しており、**砲弾の運動は、水平方向の運動と鉛直方向の運動を重ね合わせた運動になると予測した**のです。これは「運動の独立性」と呼ばれる重要な発見です。これにより、ガリレオは、砲弾の軌跡を正確に計算してみせました。

物体の運動を水平方向と鉛直方向という2つの成分に分けて考えるというアイデアにたどり着いたのは、ガリレオが初めてでした。こうして、ガリレオは、重力によって砲弾が描く曲線の形を解明したのです。この曲線は、現在では「放物線」と呼ばれています。

「地上と天上は同じ世界」という衝撃

ガリレオと言えば、天文学の分野でも有名です。私自身も宇宙物理学と呼ばれる分野の研究をしていますが、その礎を築いたのもガリレオだったわけです。

ガリレオは1609年、オランダで望遠鏡というものが発明されたとの噂を聞き、凸レンズと凹レンズを組み合わせ、自作の望遠鏡を完成させました。そして、天体観測を始め、最初に観測したのが月でした。それにより、月の表面にも地球と同じように、山や谷などの起伏があることを初めて発見したのです。当時、天体はすべて、完全に滑らかな球であると信じられていたため、この発見は、非常に大きな驚きでした。今の私たちからすると、「どうしてそんなことで驚いていたの？」という感じですが、当時の人たちは、自分たちの暮らす地上と天上の世界は全く別物だと考えていました。ガリレオの観測により、地上と空に浮かぶ月が似ていることを知り、驚愕《きょうがく》したわけです。

ガリレオの天体への興味はこれに留まりません。次に、望遠鏡を向けた先は木星でした。そして、木星には４つの衛星があることを発見したのです。これも天文学の歴史に残る大発見であり、ガリレオの天文学における功績は、実にはなばなしいものです。

しかし、それと同じくらい高く評価すべきことがあります。それは、ガリレオが、自然科学の研究において、実験という手法に加え、新たに、観測という手法を取り入れたことです。**ガリレオの登場以降、自然科学は理論、実験、観測の三位一体で発展を遂げていくことになった**のです。

「天動説」から「地動説」へ

ガリレオはこの天体観測を通じて、**「宇宙の中心は太陽であり、地球は他の惑星と**

ともに太陽の周りを回っている」とする「地動説」への確信を強めていきました。

一方、長く信じられてきた「天動説」は、アリストテレス以後の紀元前2世紀に、古代ギリシャの天文学者ヒッパルコスによって、精緻なものが作られていました。さらに、2世紀には古代ローマの学者プトレマイオスによって書物がまとめ上げられました。彼の著書は、古代末期から中世にかけて、ユーラシア大陸のいくつかの文明における宇宙観や世界観に大きな影響を与えました。

それに対し、天動説に異議を唱え、初めて地動説を提唱したのが、ポーランド出身の天文学者ニコラウス・コペルニクスでした。彼は著書『天体の回転について』の中で地動説を発表しています。しかし、この著書が出版されたのは、彼の死と同じ1543年のことでした。それだけ、**当時、地動説を唱えることは命の危険を伴う行為だったのです。**

1595年、ガリレオは初めて、コペルニクスの地動説に関する講演を聞き、地動説を支持するようになったと考えられています。また、ガリレオは、当時文通を通して交流のあったドイツの天文学者ヨハネス・ケプラーから、著書『宇宙の神秘』を贈られています。ケプラーも地動説を提唱していました。

しかし、アリストテレスの理論や天動説は、キリスト教の聖書の教えと深く結びついていたことから、天動説と地動説との対立は、単に天文学の中だけの問題としてとどめておけることではありませんでした。聖なる天上の世界と、俗なる地球という世界観を根底から揺るがす大問題だったのです。

さらに、イタリア出身の哲学者で、修道士のジョルダーノ・ブルーノは、地動説を支持するとともに、宇宙は有限ではなく無限であり、すべての恒星はそれぞれ太陽であるという考えに至っていました。このブルーノの考えはキリスト教にとって異端であるとされ、なんと火あぶりの刑に処せられてしまいました。

とはいえ、ブルーノが火あぶりにされた最大の理由は、地動説にかこつけて、キリスト教協会を批判したことだったようです。

このような中、ガリレオも、天体観測を通じて、地動説を支持する態度を強めていくようになり、保守的な神学者たちの強い反発を受けるようになっていきました。そして1616年には異端審問所が、地動説について「哲学的にも信仰においても誤りである」という決定を下しました。それにより、ガリレオの研究は、大きな制約を受けることとなりました。そのような状況で、ガリレオは、著書『ディアーロゴ』を出版します。この著書は、天動説と地動説を平等に取り扱いつつも、読者が地動説に賛同せざるを得ないような内容でした。そのため、ガリレオは異端者として、異端審問宗教裁判にかけられてしまいました。裁判の結果は有罪。ガリレオは地動説の撤回を求められ、最終的には、教会側の主張を受け入れることを誓わされました。ガリレオはこのとき、70歳でした。有罪判決を受けた際にガリレオが叫んだとされる「それでも地球は回っている」という言葉は有名です（実際は後世の作家による創作のようですが）。

宗教裁判後、失意のうちに別荘で隠遁生活をすることになったガリレオでしたが、それでもなお、天文学への情熱は衰えていませんでした。失明するなど健康に問題を抱えつつも、これまでの研究人生の集大成となる最後の著書『新科学対話』を出版しました。そして、１６４３年、79歳でこの世を去りました。

ニュートン力学に大きな影響を与えた天文学者ケプラー

古典物理学の歴史は、ガリレオに始まり、イギリスの数学者で物理学者、天文学者のニュートンが完成させた「ニュートン力学」で結実します。ガリレオが重力による落下運動の法則を明らかにし、ニュートンが重力があらゆる物体に働く普遍的な力であることを明らかにしたのです。

ガリレオとニュートンの「スーパー巨人」2人だけを押さえておけばOK！と言いたいところですが、実際には、他にも物理学の発展に大きな寄与をした人物はたくさんいます。ニュートンの紹介にいく前に、**天文学の分野において、非常に大きな貢献を果たし、ニュートンにも大きな影響を与えたケプラー**についても紹介しておきましょう。

ケプラーは1571年、ドイツの西南部にある神聖ローマ帝国の自由都市ヴァイル・デア・シュタットで生まれました。ケプラーが地動説と出会ったのは、大学時代のことです。大学教授のミヒャエル・メストリンから、コペルニクスの地動説について教えられたのがきっかけです。ケプラーは、大学では神学部に進みましたが、卒業直前に大学の推薦を受け、修道院附属学校で、数学と天文学を教えることとなりました。このことが、ケプラーを聖職者ではなく、天文学者へと導くきっかけとなります。

しかし、その後附属学校が閉鎖されたため、新たな職を求めます。当時、ケプラーはガリレオのほか、デンマークの貴族で天文学者のティコ・ブラーエとも文通を通して交流をしていました。そこで、ティコ・ブラーエを訪ねるため、プラハに向かいます。

当時29歳だったケプラーは、当時53歳のティコ・ブラーエの助手となり、火星の研究を手伝いました。ティコ・ブラーエはすでに、火星を16年にわたり精密に観測しており、大量の観測データが残されていました。ところが、ティコ・ブラーエは、ケプラーとの出会いから2年も経たないうちに亡くなってしまいます。ケプラーは、ティコ・ブラーエの後継者として、皇帝つき数学者に任命されると同時に、大量で貴重な観測記録も引き継ぐこととなりました。

実は、火星は、軌道の予測が非常に難しい惑星でした。古代ギリシャの数学者で哲学者のピタゴラスの登場以来、宇宙は「完全なる調和」の象徴とされ、「宇宙を移動する天体の軌道は円軌道の組み合わせである」と固く信じられてきました。このため、天動説の時代はもとより、コペルニクスが唱えた地動説においても、惑星の軌道は〝円〟だと考えられていました。

ところが、惑星の軌道が円だとすると、地動説による予測結果と観測結果が完全には一致しなかったのです。地動説が広く受け入れられなかった理由の1つも、そこにありました。古代ローマのプトレマイオスがまとめ上げた天動説に関する「プトレマイオスの理論」があります。プトレマイオスの理論とは、地球から見たときに、天体がどのように動くかを理論的にまとめたものです。それは非常に複雑かつ複数の規則を必要とするものでしたが、天体の運動を当時の水準で正確に予測できるものでした。コペルニクスの主張が受け入れられなかったのは、プトレマイオスの理論のほうが、コペルニクスの地動説に関する理論よりも、観測結果と予測結果が合致する精度が高かったからなのです。当時は、航海のために天体の位置を使っていたため、天体の運動を高い精度で予測することは、非常に重要でした。現在では、「コペルニクスが地動説を唱えたが、当時の世界観と矛盾するため誰も信じなかった」と言われていますが、実際には、それほど単純な話ではなかったのですね。

一方、ケプラーは、ティコ・ブラーエが残した火星に関する膨大な量の観測記録を丹念に調べていました。そして、ケプラーは、重大な結論にたどり着きます。それは、**「惑星の軌道は円ではなく、楕円である」**というものでした。これを「ケプラーの第1法則」といいます。ケプラーは全部で3つの法則を発見しますが、その第1の法則です。

ケプラーの第1法則は、「地球を含むすべての惑星は太陽の周りを回っており、その軌道は太陽を焦点の1つとする楕円である」と言っています。円軌道ではなく、楕円軌道であると考えることにより、極めて正確に惑星の動きを説明できることがわかったのです。この結果は、プトレマイオスがまとめ上げた天動説に関するプトレマイオスの理論をも凌駕《りょうが》していました。プトレマイオスの理論に比べてコペルニクスの地動説のほうが予測精度が低かった最大の理由は、惑星が太陽の周りを、円ではなく楕円を描いて回っていたからだったのです。したがって、ケプラーの理論であれば、観測データと完全に一致します。

天動説に合わせるために無数の規則を編み出すよりも、**たった1つの理論で、すべてを説明できる地動説のほうが、自然であり、シンプルです。**このことは、自然の物理法則を考えるうえで、非常に重要な評価基準となりました。この件に限らず、物理学には、「こちらのほうがシンプルで美しい」という理論のほうが、正しいという事例が多くあります。私はそこが、物理学の魅力だと思っています。「えっ、たったこれだけの規則で、こんなに多くの物理現象を説明できるんだ！」と驚くとともに、世界の知られざる成り立ちを垣間《かいま》見ているような感じがするのです。

天体の運動を「物理学」でとらえ直した

次いで、ケプラーは、「第2法則」を発見しました。これは、「太陽と惑星を結んだ線分が、一定時間に通過する面積は常に一定である」というものです。この法則が成り立つ理由は、惑星が太陽に近いと重力（万有引力）が強くなるため、惑星の運動は速くなり、逆に太陽から遠いと重力（万有引力）が弱くなるため、惑星の運動は遅くなるからです。

そして、ケプラーはさらに、「第3法則」にたどり着きます。「公転の周期の2乗と、長半径（楕円の長い方の半径）の3乗の比は、どの惑星でも同じである」というものです。「(公転周期)^2÷(長半径)^3」という値は、惑星の質量などには寄らず、同じ値になるということを表しています。この値はのちに、重力（万有引力）と太陽の質量によって決まることが、数学的に確かめられました。

第2法則と第3法則はどちらも惑星と太陽間の重力（万有引力）に関するものです。ケプラーも重力に関する重要な法則を発見しているのです。

ケプラー以前の天文学は、主に幾何学（図形）の視点でとらえられてきました。それに対し、**天体の運動を物理学的視点でとらえ、説明しようとした最初の人物こそが、ケプラーだった**のです。その点においてケプラーは、天文学だけでなく、物理学の歴史においても多大な功績を残した人物の1人と言えるでしょう。

とはいえ、ケプラーは、ケプラーの3法則が成り立つ理由を解明することはできませんでした。ケプラーの3法則は、あくまでも天体観測に基づいた経験則にすぎませんでした。しかし、ドイツ出身の天才理論物理学者のアルベルト・アインシュタインは、ケプラーの偉業をこう称《たた》えています。「ケプラーの偉大な功績は、知性による発見は観測された事実との比較のみから得られるという真理に関する、非常に美しい例証である」と。

そして、ケプラーの死から約13年後、ガリレオの死から約1年後の1643年に生まれ、ケプラーの3法則を理論的に導くことに成功したのが、イギリスの天才科学者アイザック・ニュートンだったのです。

3つの大発見を成し遂げた「創造的な休暇」

では、いよいよニュートンの偉業を紹介していくことにしましょう。

ニュートンは、1643年、ウールスソープというイギリスの農村で生まれました。ニュートンが17歳のとき、母親は農場経営をニュートンに継がせようとします。しかし、ニュートンに農場を継ぐ意志はなく、ケンブリッジ大学に入学しました。大学では、アリストテレスなど古代ギリシャの哲学者たちの思想を学ぶという伝統的な教育を受けました。しかし、**物足りなさを感じたニュートンは、ガリレオやデカルトなど、当時最先端の科学者たちの著書に傾倒していきました。**デカルトの著書『幾何学』や、イギリスの数学者ジョン・ウォリスの著書『無限算術』を熱心に読み、数学の知識を深めていったと言われます。この時期に蓄積された数学の知識は、のちの「微積分学」の発見につながっていきました。また、ニュートンは、天文学にも強い関心を抱き、天体観測を熱心に行いました。

しかし、ロンドンでペストが猛威を振るうようになり、多くの市民が亡くなりました。ペストは、皮膚が黒くなって亡くなることから、「黒死病」と呼ばれ、非常に恐れられました。その脅威はケンブリッジにもおよび、1665年、大学は閉鎖されてしまいます。そのため、ニュートンは故郷のウールスソープへの帰省を余儀なくされました。そして、ニュートンは、田舎の自然豊かな環境の中で、数学や物理学の研究に打ち込みました。今では、1665年から1666年にかけて、**ニュートンが故郷で過ごした1年半は「創造的な休暇」と言われています。**なぜなら、ニュートンは、「微積分学」、「光の理論」、そして重力の働きに関する「万有引力の法則」という、その後の科学の発展に多大な影響を及ぼすこととなる3つの大発見をすべて、この期間に成し遂げたからです。そのときのニュートンの年齢はわずか23歳というから、まさに驚きです。

まず、微積分学の発見とは何か。数学において、これまで微分法と積分法の先駆けとなる手法は、それぞれ個別の文脈で発展してきていました。日本でも関孝和《せきたかかず》という人物が、これらの基礎となる方法を、この時期に独立に開発しています。一方、ニュートンはこれらを統一的に調べて発展させました。これにより、微分と積分は微積分学という一つの分野として確立されることになりました。

また、光の理論とは、太陽からの白い光は無数の色の光が集まってできていることなど、光の性質を説明する理論です。ニュートンは、実家の部屋に差し込む太陽光をプリズムで受け、虹のように7色に分解する実験を行い、理論の正しさを証明したと言われています。

最後に、万有引力の法則とは、重力の働き方を示した法則で、ニュートンの最も有名な功績と言えるでしょう。**「地上で木から落ちるリンゴも、宇宙をめぐる天体もすべて同じ重力の法則に基づいて運動している」**という発見であり、当時の常識を根底から覆すものでした。

万有引力に関する理論は、ニュートンの著書『プリンキピア（自然哲学の数学的諸原理）』に記載されています。これは、物体の運動や物体に働く力の関係をさまざまな定義や法則を使って数学的に証明した本で、物理学史上、最も重要な書物の一つに位置づけられています。

ちなみに、『プリンキピア』は1665年から20年以上も経った1687年に出版されたのですが、その理由はニュートンの秘密主義にありました。ニュートンは、ライバルとなる他の科学者たちとの論争などを避けるため、自分の研究成果を発表したがらなかったのです。

しかし、ニュートンの良き理解者であり、「ハレー彗星《すいせい》」が周期的にやってくることを予言したことで有名なイギリスの天文学者エドモンド・ハレーの強い勧めにより、ニュートンは、ニュートン力学に関する書物を出版することを決意しました。そして、1年半かけてまとめ上げたのが、『プリンキピア』だったのです。

物理学の基本である「運動の3法則」とは?

さて、ここからは、著書『プリンキピア』に記載されている、万有引力を含むニュートン力学について、詳しく紹介していきます。高校の物理の授業でも最初で習う、物理学の最も重要で基本的な法則で、本書のテーマである「重力」とも密接な関わりがあるのでぜひ理解してもらえればと思います。

ニュートン力学は「運動の3法則」を土台としています。運動の3法則とは、次の3つです。

第1法則：慣性の法則
第2法則：運動方程式「力（F）＝質量（m）×加速度（a）」
第3法則：作用・反作用の法則

ニュートンは、ガリレオやケプラーをはじめとする先人たちの物体の運動に関する研究成果を引き継ぎ、まとめ上げ、発展させることで、その集大成としてニュートン力学を完成させました。

第1法則「慣性の法則」

慣性の法則はすでに紹介した通り、ガリレオとデカルトによって発見された法則です。これは、「動いている物体は、力を受けない限り、同じ速度で、まっすぐに運動を続ける（等速直線運動をする）。静止している物体は、力を受けない限り、静止した状態を保ち続ける」という法則でした。当時、ガリレオは、「力を受けなければ、円運動をしている物体は、その円運動を続ける」と考えていました。たとえば、地球の表面は球面なので、慣性の法則でいうところの水平面は実は球面であり、物体の運動は円運動であることがわかります。それに対し、慣性の法則は、円運動には当てはまらず、等速直線運動にのみ当てはまるという、正しい結論を導き出したのが、デカルトだったのです。

とはいえ、慣性の法則は、私たちの直観からは少し外れていると感じる人も多いかもしれません。「いや、物は動き続けないよ。必ず止まるじゃないですか」と。しかし、その考えは誤りです。たとえば、地面を滑らせた物体が止まるのは、摩擦力や空気抵抗が働いているからです。摩擦力とは、接触した物体同士の間に働く力で、運動を邪魔する向きに加わる力です。特に、物体が動いているとき、運動の方向と反対向きに面から受ける力を「動摩擦力」と呼びます。動摩擦力は、物体の運動を妨げる力になります。なお、摩擦力の主な原因は、接している物体表面の原子同士が及ぼし合う力だと考えられています。また、物体表面の凸凹に引っかかる場合もあるでしょう。しかし、摩擦力の仕組みは複雑で、現在でも完全には理解されていません。

また、空気中を運動する物体も、その運動に逆らう力を受けます。これを空気抵抗といいます。物体が空気を押しのけようとするとき、空気から逆向きの力を受けるのです。仮に、**摩擦力や空気抵抗がなければ、物体は止まることなく、等速でまっすぐに進み続ける**のです。現在では、宇宙ステーションからの映像などもあるので、それを見たことがある人などには理解しやすいかもしれませんが、当時このことを明らかにするのは簡単なことではありませんでした。

第2法則「運動方程式」

第2法則は、運動方程式とも呼ばれ「力（F）＝質量（m）×加速度（a）」と表されます。これは、「力を与えられた物体は、加速度運動をする。その加速度の大きさは、力の大きさに比例し、質量に反比例する。また、加速度の向きは、力の向きと一致する」ということを意味します。……もう少し説明が欲しいところですよね。

物理学の世界においては、速度とは、速さに運動の向きを含めたもののことをいいます。なので、速度は単に速度の大きさを表す速さとは異なるものです（とはいえ、以下では日常の慣例に従って、速さのことも速度と呼ぶこともあります）。また、加速度とは一定時間での速度の変化量のことです。速さが変わらなくても、速度の向きが変わっている場合には加速度が存在することに注意が必要です。

第2法則の言うところの、加速度の大きさが力の大きさに比例するという意味は、たとえば、物体に2倍の力を加えれば、得られる加速度は2倍になり、3倍の力を加えれば、得られる加速度は3倍になるということです。

しかし、同じ力（F）を加えても、加速しやすいものと加速しにくいものがあります。その加速しやすさ（しにくさ）を表すのが、質量（m）です。たとえば、力が10の場合、質量が1だと、加速度は10になります。しかし、質量が100だと、加速度は0・1にしかなりません。同じ10だけの力を与えても、質量によって加速度は大きく異なります。

このように、**同じ力を与えても、加速しやすいものと加速しづらいものがあるというのが、ニュートン力学の肝となる運動方程式の言いたいことの一つ**です。

力が働くと、どれだけ加速するかは、この式を使って計算すれば簡単にわかります。質量をあらかじめ測っておけば、与えられた力に対して、物体がどれだけ加速するかが計算できるのです。そして、どれだけ加速するかがわかれば、時間の経過に伴い、速度がどのように変化するかがわかります。また、このようにしてその瞬間ごとの速度がわかれば、物体の位置の変化がわかります。この法則は実社会にもたくさん活用されています。たとえば、スペースシャトルを打ち上げたときに、どのように加速し、飛んでいくかなどもすべて計算できるわけです。

第3法則「作用・反作用の法則」

3つ目の作用・反作用の法則とは**「2つの物体がお互いに作用するとき、片方の物体に働く力（作用）は、もう片方の物体に働く力（反作用）と大きさが等しく、向きは正反対である」**という法則です。どちらが作用で、どちらが反作用かは、見る立場によって変わります。また、作用が先で、反作用が後というわけではなく、この2つの力は同時に働きます。作用・反作用の法則はあらゆる力において成り立ちます。

たとえば、バットでボールを打ったとします。このとき、バットからボールにだけ力が加わっていると考える人がいるかもしれませんが、実際には、その力と同じ分だけ、真逆の方向にボールからバットにも力が加わっているのです。だから、ボールを打ったときには、腕に衝撃が走るのです。

このように、2つの物体に働く力の大きさは等しくなりますが、その力によってどういう運動をするかは異なります。

たとえば、体重の重い人が体重の軽い人を2という力（F）で突き飛ばしたとします。そのとき、体重の重い自分も2の力を受けますが、質量（m）が大きければ、加速度（a）は小さくなるので、体重の軽い人だけが突き飛ばされるということが起きます。レースゲームの「マリオカート」をやったことがある人は、体重の重いクッパを操作して体重の軽いヨッシーにぶつかると、ヨッシーだけが大きく吹き飛ぶ場面を思い浮かべるかもしれません。これこそまさに作用・反作用です。

そんなことがわかって何になるのかと言われそうですが、実はいろいろ役立っています。たとえば、自動車を設計する際、どれくらいの強度をもたせればよいかは、計算によってあらかじめ求めることができます。自動車が外壁にぶつかった際、どれくらいの速度であれば、どれくらいの力を受けるかは、運動方程式と作用・反作用の法則から導き出すことができるからです。それにより、自動車にどれだけの強度が必要かなどもわかります。

重さと質量の違い、説明できますか？

ここで、混同されやすい「重さ」と「質量」の違いについても、説明しておきます。**重さとは「物体に働く重力の大きさ」で、質量とは「物体の動かしにくさ（加速しにくさ）を表す量」のこと**です。

重さは場所によって変化します。それは重力の大きさが変化するからです。聞いたことはあると思いますが、地球よりも月のほうが物体の重さは小さくなります。それは、月の重力が、地球の重力の6分の1だからです。

一方、**質量は重力の大きさには関係のない、物体に固有の性質**です。地球でも月でも、質量の大きなものは小さなものより動かしにくく、動かす（加速させる）のにより大きな力を必要とします。

ガリレオは、**すべての物体は、空気抵抗を無視できれば、質量の大小に関係なく、地面に同時に落下する**ことを発見しました。これは、すべての物体が同じ加速度（ここで働いている力は重力なので、「重力加速度」という）で落下することを意味しています。質量が大きいとそれに働く重力も大きくなるので、重力加速度も大きくなるように錯覚しがちです。しかし、質量が大きいと加速しにくくなります。重力では、この2つの効果がちょうど相殺されるため、重力加速度は質量の大小に関係がなくなるのです。

このように、**運動の3法則を組み合わせれば、物体の運動に関するすべての予測ができるというのが、ニュートン力学**です。その帰結として、「運動エネルギー」というものを定義することができます。運動エネルギーとは、運動している物体がもっているエネルギーのことです。

物体の運動エネルギーは、質量に比例し、速度の2乗に比例します。なので、同じ速度で動いている場合は、質量の小さなもの（軽いもの）よりも質量の大きなもの（重いもの）のほうが、より大きな運動エネルギーをもっており、物体の質量が2倍になると2倍に、質量が5倍になると5倍になります。また、質量が同じである場合は、速度が小さいもの（遅いもの）よりも速度が大きいもの（速いもの）のほうが、より大きな運動エネルギーをもっており、物体の速度が2倍になると4倍に、速度が5倍になると25倍になります。

月にもリンゴにも等しく働く「万有引力の法則」

ここからは、ニュートンが発見した「万有引力の法則」について紹介していきましょう。

「万有引力」とは、文字通り、「万物（あらゆる物体）が有する引き合う力」を意味します。そもそも地球をはじめとする天体は、塵とガスが万有引力によって引き合い、少しずつ集まっていくことで誕生したと考えられています。万有引力がなければ、私たちはそもそも誕生していなかったわけです。

さて、よくこの万有引力の発見の経緯について、ニュートンはリンゴが木から落ちる様子を見て、その法則を発見したと言われることがあります。しかしこの逸話は、事実だったかどうかを別にしても、逸話として意味を成していません。なぜリンゴが落ちるのを見ると、万有引力を思いつくのでしょうか? 正しい逸話は、「ニュートンは、なぜリンゴは地面に落ちるのに、月は落ちてこないのかについて考えた」です。それに対するニュートンの答えは、「月も落ちている」でした（このことはまた後に詳しく解説します）。これにより、**ニュートンは、リンゴが木から地面に落ちるのも、月が地球の周りを回るのも、同じ万有引力が原因であると見抜いた**のです。

先ほど言ったように、当時は月や太陽、他の天体が存在する天上の世界と、地上の世界は、まったく別の世界であると考えられていました。そのため、当然のことながら、それらを支配している法則も異なると考えられていました。地上の世界には、さまざまな運動が存在するけれど、天上の世界では、円を基本とする円運動だけが行われていると考えられていたのです。

それに対し、ニュートンが発見した万有引力の法則は、天上の世界も地上の世界も同じ物理法則に従っており、自然の背後にある物理法則に天上、地上といった区別はないことを示す、非常に画期的なものでした。つまり、**ニュートンは重力の法則を明らかにすることで文字通り「世界の見え方」を一変させた**のです。

万有引力と重力

ここで、「重力」と「万有引力」は同じものなのか、それとも別のものなのかとい

地球上の物体に働く「重力」

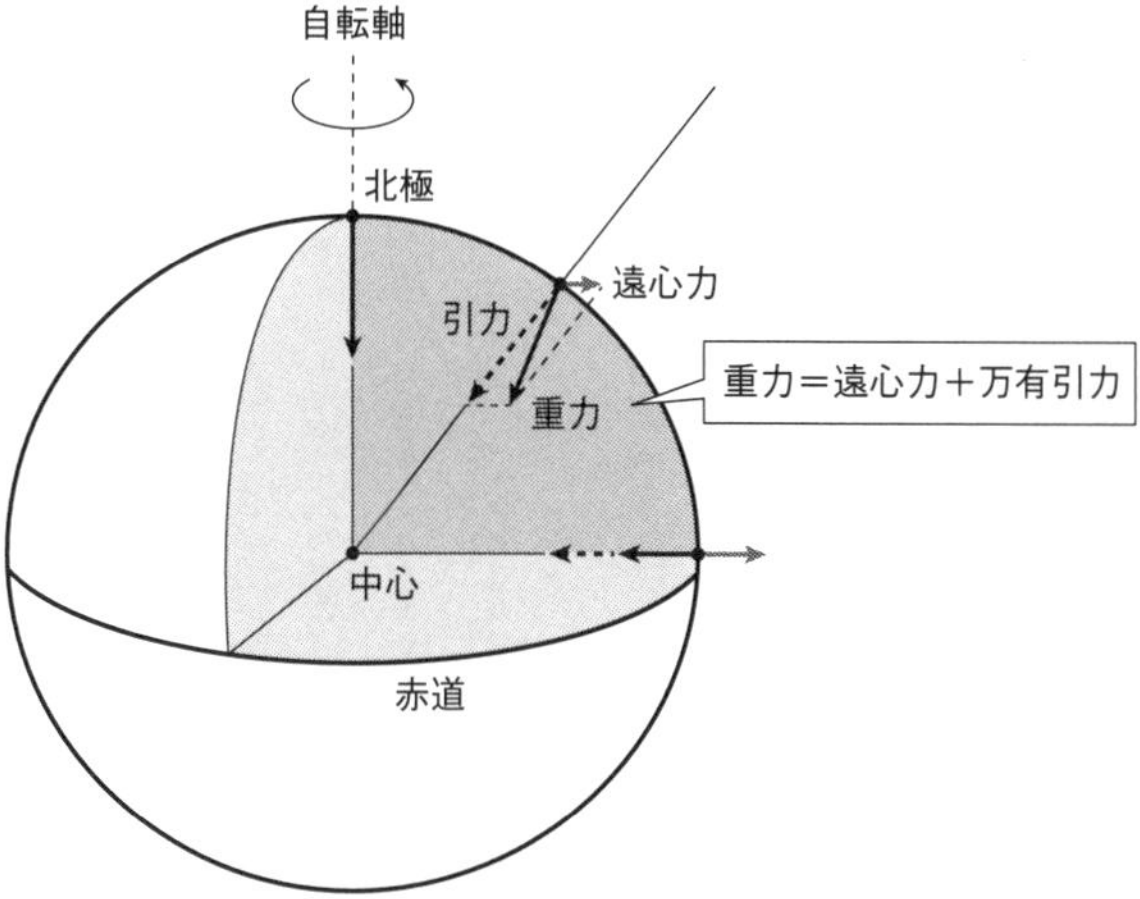

う疑問をもつ人もいるでしょう。なので、万有引力と重力という用語について説明を加えておきます。

　地球は自転しているので、あらゆる物体は「遠心力」を受けています。遠心力とは、円運動をすることにより生じる慣性力（見かけの力）のことをいいます。この**遠心力と万有引力を合わせた力が、地表での重力**です。物体の落下の向きは地表での重力の方向になります。したがって、実は物体は、赤道と北極、南極を除いては、地球の中心からほんのわずかにずれた方向に落ちていくのです。

　学校で習う物理学ではよく、重力という言葉を、この地球上の物体の間に働く力に

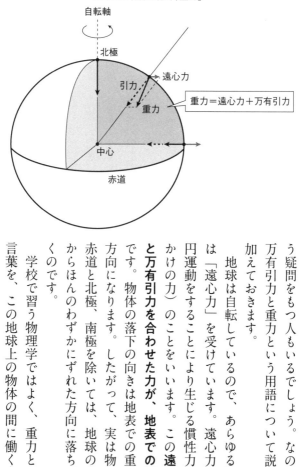

限定して使うことがあります。しかし、理論物理学で重力と言ったときには、往々にして万有引力のことを意味していることも多いです。なので、本書では以後、重力という言葉を万有引力にも使うことにし、地表での重力のことを意味する場合には具体的にそう言うようにします。実際、次の章で紹介するアインシュタインの一般相対性理論においては、万有引力と遠心力などの慣性力は統一的に扱われるので、その違いは明確なものではなくなります。ですから、ここからは万有引力と重力という2つの用語の違いは、あまり気にしなくてよいでしょう。

「多くの科学者の努力」と「一人の天才のひらめき」

ニュートンは、2つの物体があったとき、2つの物体の間の距離が2倍離れると、万有引力は4分の1、距離が3倍離れると、9分の1になると考えました。つまり、**「万有引力は、距離の2乗に反比例して弱くなる」**と予測しました。これを「逆2乗則」といいます。

万有引力の法則を式で表すと、「万有引力＝G×Mm/r^2」となります。Mとmは2

つの物体のそれぞれの質量、ｒは物体間の距離です。Ｇは「ニュートンの重力定数」と呼ばれる定数で、その具体的な値は「$G=6.67\times10^{-11}\ m^{3}\ kg^{-1}\ s^{-2}$」となります。少し複雑な式ではありますが、これは「２つの物体の間に働く万有引力は、それぞれの質量に比例し、物体間の距離の２乗に反比例する」ということを表しています。ここで、たとえば、地球がリンゴに及ぼす万有引力の値といった場合、距離ｒは「地球の中心からの距離」と考えればＯＫです。

　それにしても、ニュートンはなぜ、「万有引力は距離の２乗に反比例して弱くなる」と考えたのでしょうか。それは、ケプラーの３法則にありました。ケプラーは、第３法則を天体観測に基づき導き出しました。しかし、ケプラーは、このような法則がなぜ成り立つのかについては、研究したものの、解明することはできませんでした。それに対し、ニュートンは、まず、「万有引力は距離の２乗に反比例する」と予測したうえで、自ら打ち立てたニュートン力学に基づき、惑星の運動を計算してみました。つまり、力（Ｆ）に重力を代入して、運動方程式を解いてみたのです。それにより、確かに楕円軌道という答えが得られたことで、彼は、運動方程式の正しさを確証したのです。観測結果と理論が完全に一致したというわけです。その結果、**ニュートンは**

ケプラーの3法則を理論的に導き出すことに成功したのです。ニュートン力学と万有引力の法則は、この成果によって高く評価され、世の中に認められたのです。

とはいえ、そもそも観測データは、ティコ・ブラーエが16年に及ぶ精密な観測によって集めたものであったということを考えると、物理学とは、多くの科学者の努力の積み重ねの結果であって、**決してたった一人の天才物理学者がまったく何もないところから、ひらめきによってのみ導き出したものではない**ということがわかるでしょう。私自身もそうした蓄積を後世に残せるよう、日々研究に励んでいます。

月は「落ち続けている」からなくならない

ここで、ニュートンが万有引力を発見したときの話に戻ります。「リンゴが木から地面に落ちるのも、月が地球の周囲を回るのも、同じ万有引力が原因であると見抜いた」とは、一体どういうことでしょうか。

まず、地面から空中に向かって、斜め上の方向へボールを投げるのをイメージしてみてください。ガリレオが発見したように、ボールは放物線を描いて地面に向かって

月が地球の周りを回る理由

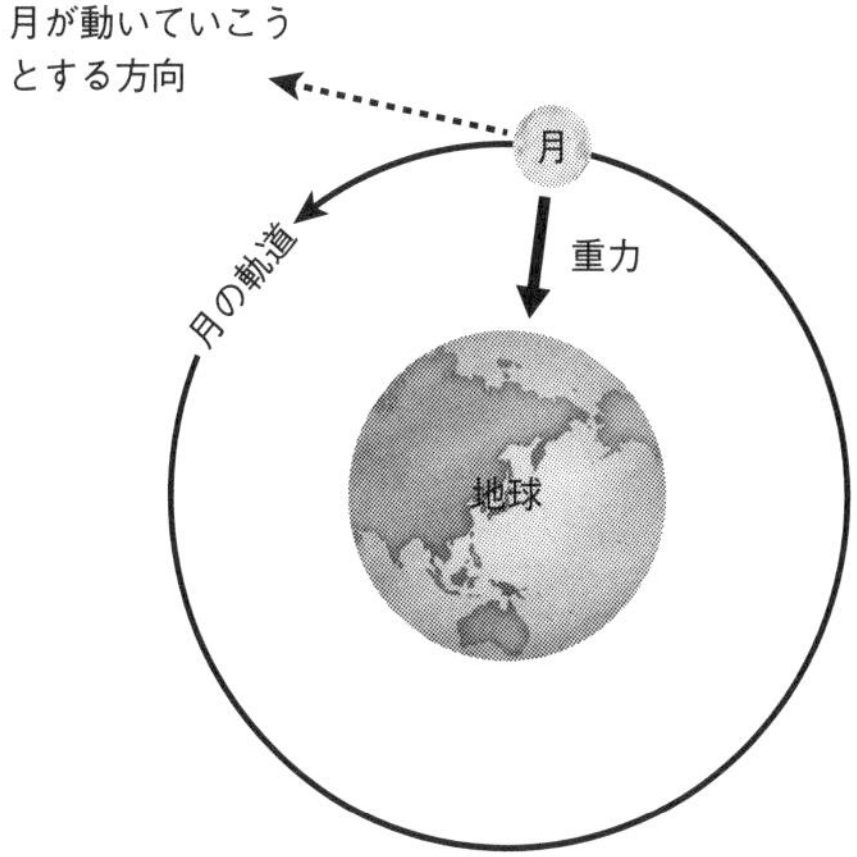

落下していきます。ここでもし、万有引力が働いていないとすると、ボールは落ちずに斜め上の方向に直進し続けるはずです。しかし、万有引力により、ある点を頂点に下降し始めます。

では、次に、月の運動について考えます。もしも地球からの万有引力がなければ、月は慣性の法則に従い、運動の速度と方向を保ったまま、地球の周囲に留まることなく、まっすぐに飛び去ってしまうはずです。しかし、万有引力によって地球に引っ張られているため、月は進行方向を変えられてしまいます。つまり、**慣性の法則に従った直進の経路と、実際の円運動の軌跡との差の分だけ、月は常に落下し続けている**と考えることができます。

ここで、「投げたボールは地面に落ちるのに、月が地上に落ちないのはなぜ?」と疑問をもつ人もいますよね。

投げたボールが地面に落下してしまうのは、ボールの軌跡が地面と交わってしまうからです。地球は球なので、地面は平坦ではなく実は曲がっています。そこで、ボールの速度をどんどん上げていき、遠くまで飛ぶようにすれば、ボールの落下の幅と球面である地面の下がる幅が一致し、ボールと地面との距離は縮まらなくなります。その結果、ボールは月のように、地面との距離を一定に保ったまま、地球の周りを回り続けることになるのです。

このときの速度を、「第1宇宙速度」といいます。具体的には、秒速7・9キロメートルになります。さらに速度が上がり、秒速11・2キロメートルになると、地球の重力を振り切って地球から離れることができます。この速度を、「第2宇宙速度」または「脱出速度」といいます。しかし、地球の重力を振り切っても、今後は太陽の重力に捕らえられてしまいます。太陽の重力を振り切って、太陽系外へ飛び出していくために必要な速度は、秒速16・7キロメートルで、「第3宇宙速度」といいます。

円運動（正確には円に近い楕円ですが）をしている月は万有引力を受けているので、地球の中心方向に加速度をもっていることになります。したがって、円運動は加速度運動といえます。このことを月の視点から見ると、月は加速度運動をしているので、地球と反対方向に遠心力が働くということになります。つまり、月の視点では、遠心力と地球からの万有引力がちょうど釣り合っているため、月は地球に落ちることなく、地球の周りを回り続けているということになるのです。

なぜ、「ニュートン力学」はすぐに受け入れられたのか？

ここで、いったん、ニュートンの気づきと考察を復習することにしてみます。

まず、万有引力の法則によれば、質量がある物質同士は必ず引き合います。リンゴには質量があるので、リンゴは地球に引っ張られています。同時に、作用・反作用の法則により、地球もリンゴに引っ張られています。しかし、地球とリンゴでは、地球のほうが比べものにならないほど質量が大きいため、地球はほぼ動きません。そのため、リンゴのみが万有引力によって地球に引っ張られて落ちているように見えるのです。万有引力は、地球と月との間にも成り立ちます。月が地球に向かって引っ張られていなかったとしたら、月は地球の周りを回ることなく、宇宙のかなたに飛んでいってしまいます。月が地球の周りを回っているのは、万有引力のおかげなのです。

ニュートンは、運動方程式を使い、これらの考察が正しいことを理論的に確認しました。

これは、これまでの常識がすべてひっくり返ってしまうような大発見で、ガリレオのように迫害を受けてしまうのではないかと心配になってしまいますが、時代の変化がニュートンに味方しました。幸運なことに、コペルニクスやガリレオの時代とは異なり、このときにはすでにキリスト教と学界との間の戦いは終焉《しゅうえん》を迎えていました。また、ニュートンは下級貴族であり、王立協会の会長も務めている権力者でした。王立協会とは、1660年にロンドンに設立された民間の科学に関する団体です。そのため、キリスト教協会からの反論や迫害を受けることはなく、ニュートン力学は、素直に受け入れられたのです。そして、ニュートンの発表後、100年、200年にわたり、**物理学は、基本的にニュートンが導き出した重力の法則を土台として発展していった**のです。

「相対性原理」の奥深さ

ここで、運動の第1法則である慣性の法則について、さらに掘り下げてみましょう。慣性の法則は、物理学者から見ると、実はより奥深いことを言っています。たとえば、宇宙空間にAとBという2つの宇宙船のみが存在していたと仮定しましょう。そして、このAとBは、お互いに等速で遠ざかっていたとします。ここで、仮に、Aが「俺は止まっている。遠ざかっているのはお前だ」と主張したとします。それに対し、Bは「いやいや、何言うとんねん。止まっているのは俺のほうや。遠ざかっているのはお前のほうやろ」と言い返したとしましょう。このとき、AとBのどちらが正しいかをジャッジすることになったらどうしますか？

実際は、AもBも動いているのかもしれないし、AとBのどちらかだけが動いているのかもしれない。宇宙空間にはこのAとBの2つしか存在しないため、明確な正解はありません。物理的に意味があるのは、AとBの間の相対速度のみです。等速で動いている場合、AとBの両方が動いているとしても、Aのみが動いているとしても、

Bのみが動いているとしても構わないのです。言い換えれば、これらの記述はすべて等価であるということです。これをガリレオの「相対性原理」といいます。**「動いているものは、力を受けない限り、等速で動き続ける」ということは、等速で動いているものは、止まっていると考えてもいいということ**なのです。等速で動いているものにはすべて、「自分は止まっている」と主張する権利があるのです。なぜなら、AとBの2つしか存在しない場合、Aの主張とBの主張のいずれが正解であるかは、原理的にわからないからです。

仮に、宇宙に座標軸があり、その中に存在していたとしても、その座標軸にとって、等速で動いている物体の座標軸は、宇宙の座標軸よりも上でも下でもなく、価値として等しいというのが、ガリレオの相対性原理です。つまり物体の座標軸のほうを宇宙の座標軸としても一向に構わないのです。このように、止まっていると主張できる一連の座標系を慣性系といいます。

では、AとBが等速ではなく、加速しながら遠ざかっていたとすると、AとBの間に相対性は成り立つでしょうか。言い換えると、Aも自分は止まっていてBのほうが加速しながら遠ざかっていると主張でき、Bも同様に自分は止まっていてAのほうが加速しながら遠ざかっていっていると主張できるでしょうか。結論から言えば、**「お互いに加速している場合には相対性は成り立たない」**というのがニュートンの導き出した答えです。これこそが、運動の第2法則の運動方程式が主張していることです。ニュートンは、「力を加えられた物体は、加速度運動をする」と言いました。加速するためには、何らかの力を加える必要があるのです。つまり、AとBが加速しながら遠ざかっているということは、少なくともどちらかに推進力が働いているということを意味しています。そして、この推進力が働いているほうが加速しているほうなのです。

これは、**慣性系に対して加速している座標系は慣性系ではない**ということを意味しています。両者は等価ではないのです。たとえば、電車が時速50キロメートルで動き続けていれば、動いていることに気づかないはずです。しかし、加速している場合、時速50キロメートルから、時速60キロメートル、時速70キロメートル、時速80キロメートル……と上がっていくにしたがって、進行方向と逆向きに慣性力を感じるようになります。**加速しているシステムでは、加速していないシステムとは明らかに異なる現象が起こっている**のです。

「微積分学」の創始をめぐる激しい戦い

一般に、ニュートン力学を使ううえでは、刻一刻と変化する加速度や速度の下で、物体の位置がどのように変わっていくかを計算によって導き出す必要が生じます。その際に用いられるのが、「微積分学」です。今や微積分学は、物理学の世界においてなくてはならないものとなっています。そんな**微積分学をニュートンは、刻々と変化する物体の位置や速度を求めるために、創始した**のです。

実際、一般の場合に位置や速度を求めるのは簡単なことではありません。たとえば、車の速度が常に時速50キロメートルだった場合、2時間走れば、50×2＝100キロメートルと、四則演算だけで位置の変化を簡単に求めることができます。しかし、車は常に時速50キロメートルで走っているわけではありません。速度は時間の経過とともに変化しています。このような場合、単純な四則演算では位置の変化を求めることができません。しかし、微積分学を使えば、このような場合でも、加速度を積分することで速度の変化を、速度を積分することで位置の変化を求めることができるのです。

また逆に、位置を微分することで速度を、速度を微分することで加速度を求めることもできます。

ニュートンが微積分学を発見したのは、1665年頃のことだったと言われています。しかし、秘密主義だったため、ニュートン力学同様に、その成果をすぐに公表することはしませんでした。彼が微積分学に関する著書『求積論』を出版したのは、なんと約40年も後の1704年のことだったのです。

実は、微積分学には創始者がもう一人いました。ドイツの数学者ゴットフリート・ヴィルヘルム・ライプニッツです。ライプニッツは、独自に微積分学を研究し、ニュートンの『求積論』が出版される約20年前の1684年に研究成果を出版しました。このことが火種となり、**ニュートンとライプニッツの間で、どちらが微積分学の創始者かをめぐって、激しい争いが繰り返されることとなってしまった**のです。

実は、1665年当時、ニュートンが書いた微積分学に関する論文の写しが、ごく狭い仲間内で流通していました。たまたまライプニッツはロンドンを訪れた際に、運悪くその論文の写しを読んでいました。とはいえ、ライプニッツが読んだのは、微積分学が書かれたページではなかったと言われています。しかし、彼がニュートンの論文の写しを読んでいたことを知っていたスイスの数学者が、「ライプニッツがニュートンのアイデアを盗んだ」とほのめかしました。これを機に、ニュートンとライプニッツとの熾烈な争いが始まったのです。

激しい争いに終止符を打つため、1711年、ライプニッツは、イギリス王立協会に判断を求めました。しかし、その調査結果は、**「ニュートンこそが微積分学の第一発見者である」**というものでした。そのとき、ライプニッツは、ニュートンが王立協会の実質的な会長であることを知りませんでした。王立協会の調査結果は、ニュートンが裏で差し金を引いていたことによるものだったのです。ライプニッツは微積分学のアイデアを盗んだという汚名を着せられたまま、1716年に亡くなってしまいました。現在では、微積分学はニュートンとライプニッツがそれぞれ独自に発見したことが認められていますが、ライプニッツはさぞや悔しい思いをしたことでしょう。実際、現在、私たちが高校の数学の授業で習う微積分学のほとんどは、ライプニッツによるものです。**ライプニッツの微積分学が支持されている理由は、難解な微積分学の理論を、記号を使って簡略化させたから**です。私たちが知っている微積分学の記号は、ライプニッツが作り上げたものなのです。

「電磁気力」の発見

さて、物質に働く力には、色々な種類があります。ニュートンが最初に考えたのは、重力でしたが、自然界には重力以外にも摩擦力や浮力、弾性力といったさまざまな力が存在します。ニュートン力学により、力さえわかれば、物体の運動についての完全な予測をすることが可能になりました。そのため、今後は、他にどのような種類の力があるかを調べていくことが、物理学における課題であると考えられました。しかし、力にどのようなものがあるかを調べていくことは、それほど簡単なことではありませんでした。

このような中、重力に匹敵する重大な発見がありました。それは、「電磁気力」です。電磁気力とは、電気の力と磁気の力のことです。

ここでは、電磁気力の歴史を簡単に振り返っておきましょう。

「電気」という言葉を初めて作ったのは、イギリスの医師で物理学者のウィリアム・ギルバートだと言われています。1600年に出版した著書『磁石論』の中で、琥珀などが物体を引く作用（静電気力）を、琥珀のギリシャ語「Electrum」にちなんで「Electrica（エレクトリケ）」と命名しました。この言葉が、電気を表す英語「Electricity（エレクトリシティ）」の語源になったのです。彼は医師としての仕事の傍ら、静電気や磁石を熱心に研究しました。早くから地動説を支持していたギルバートは、『磁石論』の中で、地球が大きな磁石であることを示し、磁気の根本的な性質を明らかにしました。『磁石論』が出版されて以降、ガリレオなども電気に興味をもち、研究はしたものの、その後、100年以上にわたり、電磁気力に関する大きな進展は見られませんでした。

そのような状況が大きく変化したのは、1750年以降のことでした。まず、アメリカの政治家で物理学者、気象学者でもあるベンジャミン・フランクリンが、たこ揚げの実験により、雷が電気であることを証明し、避雷針を発明したのです。フランクリンは、アメリカの独立にも深く関与したことから「アメリカの父」と呼ばれていますが、「電気の父」との異名ももちます。

また、1785年から89年にかけては、フランスの物理学者シャルル・ド・クーロンが、物体の帯びる電気にはプラスとマイナスの2つの異なった符号があり、同じ符号同士は反発し合い、異なる符号同士は引き合う力が働き、またその力は、電気の大きさに比例し、物体間の距離の2乗に反比例することを発見しました。これを「クーロンの法則」といいます。

ここで、ニュートンの万有引力の法則を思い出してみましょう。2つの物体があり、それぞれの質量をMとmとすると、物体間に働く重力（万有引力）はMとmの両方に比例していました。また、2つの物体間の距離が2倍になると力は4分の1に、距離が3倍になると力は9分の1になるといったように、物体間の距離の2乗に反比例しており、これを逆2乗の法則と呼ぶと説明しました。一方、電気の場合、物体の電荷はQで表します。電荷とは、その物体の帯びる電気のことです。クーロンの法則によれば、2つの物体の電荷をQとqとすると、電気の力はQとqの両方に比例します。また、2つの物体間の距離が2倍になると力は4分の1に、距離が3倍になると力は9分の1になります。つまり、**逆2乗の法則は、万有引力の法則だけでなく、クーロンの法則にも当てはまる規則だった**のです。

「電磁気学」を確立したマクスウェル

1820年、フランスの物理学者で数学者のアンドレ＝マリ・アンペールは、電線を円形にして電流を流すと、磁石と同じ現象が生じることを実験により確認しました。そして、「アンペールの法則」を発表しました。これは、電流を流したとき、その周りに作られる磁気の向きと大きさを表す法則です。詳しくは、一定の電流が流れるとき、その周りには、同心円上の磁気が生じ、電流の向きを右ねじの進行方向としたとき、磁気の向きはその回転方向と一致するというもので、「アンペールの右ねじの法則」とも呼ばれます。

そして、アンペールは、『新しい電気力学についての実験』と題する印刷物を発行しました。この中で彼は、「電気力学」という新たな言葉を初めて使っているほか、電気と磁気の同一性について述べています。現在では、電気は磁気を、磁気は電気を生じさせることから、電気と磁気は表裏一体の関係であることがわかっていますが、印刷物では、そのことをまとめ上げていることから、アンペールは、電磁気学の創始者の一人に数えられています。

さらに、1831年には、イギリスの化学者で物理学者マイケル・ファラデーが、「電磁誘導」と呼ばれる現象を発見しました。これは、電流と磁気の相互作用を表すもので、電線に電流が流れると電線の周りに磁気が生じ、磁気が電線の周りで変化すると電線に電流が流れるという現象です。また、**ファラデーは電気や磁気による現象を空間に広がる「電磁場」としてとらえなおしました**。この「場」という概念は、以後の物理学で決定的な役割を果たすようになっていきます。

そして遂に、1864年、イギリスの物理学者ジェームズ・マクスウェルが、ファラデーなど電気と磁気に関する先駆者の業績をまとめ上げ、電磁場を記述する基礎方程式「マクスウェル方程式」を発表しました。当時、彼は、電気と磁気に関する数多くの実験結果を説明できる理論の完成を目指していました。その集大成が、マクスウェルの方程式です。これにより、遂に、電気と磁気の振る舞いを統一的に説明する理論である「電磁気学」が確立したのです。**電磁気学において、ニュートンの運動方程式に対応するのが、マクスウェル方程式です**。

また、マクスウェルは、マクスウェル方程式を解くことで、「電磁波」というものが現れることを発見しました。電磁波とは、電場と磁場が連鎖して発生し、相互作用しながら空間を波のように進んでいく現象です。当時、電磁波の存在は知られていなかったことから、大きな驚きをもって受け止められました。

そして、マクスウェル方程式を使い、電磁波が進む速度を計算によって求めました。その値は秒速約30万キロメートルであることがわかりました。この値は、なんと当時、実験によって明らかとなっていた光の速度（光速）と完全に一致したのです。その頃には、計測技術の発展により、光の速度を計測できるようになっていたのです。

以上から、**マクスウェルは、光の正体は電磁波であると予言しました**。光速が有限であることは、ガリレオが最初に指摘していました。それから200年以上の歳月を経て、光が伝わる仕組みと速度が解明されたのです。ちなみに、光（電磁波）は直進しますが、仮に地球の周りを回ることができるとすれば、秒速約30万キロメートルとは、1秒間に地球を7周半もできる速度です。

さらに、1897年には、イギリスの物理学者J・J・トムソンが電子を発見しました。電線を流れる電流は、実はこの電子の束の流れです。電子の発見は、放射線の発見と並び、20世紀の「素粒子物理学」の出発点となりました。

今や私たちの社会は、電気なしには成り立ちません。たとえば、磁石を高速で回転させると電気が発生しますが、この現象を利用しているのが発電です。水力発電も火力発電も原子力発電もすべてタービンを高速に回転させることで磁石を回転させ、それによって電気を得ています。自転車を漕ぐとライトが点灯するのも同じ原理です。このような恩恵にあずかれるのも、すべて、これらの科学者たちの強い探求心と情熱と地道な努力のおかげなのです。

光はすべて電磁波

ここで、電磁波についても補足しておきましょう。私たちが認識できる光、つまり目で見ることができる光は、「可視光」と呼ばれています。可視光にはさまざまな波長の光が含まれており、波長の長さの違いによって認識される色が異なります。波長の長い光は赤色、一方、波長が短い光は紫色に見えます。私たちは、可視光領域に対応する波長の光しか認識することができませんが、多くの生物がこの波長領域以外の光を認識できることがわかっています。

電磁波のエネルギーは、波長が短くなるにつれ高くなっていきます。紫色の可視光よりも波長が短い光（電磁波）は「紫外線」といいます。エネルギーが高いため、皮膚に当たると皮膚はダメージを受けます。それが日焼けです。さらにエネルギーの高い光（電磁波）は「X線」と呼ばれます。波長が短いので、皮膚は通過するものの、骨は通過できない。このことを利用したものが、レントゲン写真です。レントゲン写真の撮影にはX線が使われています。そしてさらにエネルギーの高い光（電磁波）は「γ（ガンマ）線」と呼ばれます。γ線は、いわゆる放射線の一種です。

逆に、赤色の可視光よりも波長が長い光（電磁波）を「赤外線」といいます。そして、赤外線よりもさらに波長が長い光（電磁波）を「電波」と呼びます。赤外線も電波もエネルギーが低いので、人は当たっても何の害も受けません。赤外線や電波が、リモコンや無線通信に使われているのは、そのためです。

これらはすべて、私たちが便宜上、つけている名称にすぎず、**可視光も紫外線も赤外線も、またX線もγ線（放射線）も電波もすべて同じ電磁波です**。そして、電磁波の速度はすべて同じ秒速約30万キロメートルなのです。

物理学における「場」とは何か

ここで、「場」についても、少し触れておきましょう（第4章でより詳しく説明します）。先ほどクーロンの法則について、2つの電荷の間には、その符号に応じて引き合う力や反発する力が働くと紹介しました。実はこれを、2つの電荷の間の力としてではなく、以下のように、場というものを導入して考えることができます。たとえば、プラスの電荷があると、それは電場と呼ばれるオーラのようなものを出します。そして、そのオーラの中にマイナスの電荷を置くと、マイナスの電荷はその地点での電場に応じた力を受けます。これが、クーロンの法則による引力の起源だと考えるのです。同様に、マイナスの電荷はオーラを出すのではなく、逆に吸い込みます。これにより、このマイナスの電荷によって作られた電場の中に別のマイナスの電荷を置いた場合、その電荷の受ける力は引力ではなく斥力になります。

「場」とは、英語では「field」と呼ばれます。電気が作る場のことを電場、磁気が作る場のことを磁場といいます。小学生の頃に、砂場で磁石を使って砂鉄を取って遊んだ人も多いことでしょう。理科の実験などでは、よく砂鉄を使って磁力線がN極から出てS極に入っていく様子を見ることが行われます。これは、磁場が可視化されたものです。

新たに湧き上がった疑問とは

このように、19世紀に入り、重力とは異なる電磁気力という力が自然の中にあるということがわかってきました。

とくに、ファラデーやマクスウェルにより光の正体がわかり、電磁気学が確立したことで、「今や、物理学は完成した」と考えた科学者もいました。ところが、ここで新たな疑問が発生してしまったのです。

ガリレオの相対性原理によれば、「慣性系に対して等速で動いている座標系は、全て等価」です。これは、速度という概念は、相対速度のみ意味をもつということと同じです。たとえば、自動車が時速50キロメートルで走っているとしましょう。しかし、実際はこれよりもはるかに高速で地球が自転しているので、自動車はもっと早く動いているとも言えそうです。さらに、地球は太陽の周りをもっと速いスピードで回っているので、自動車はさらにもっと速く動いているとも言えます。そして、太陽系は銀河の中心をさらに速いスピードで回っています。つまり、自動車の速さが時速50キロメートルと言ったときには、「地面に対して」というのを省略しているだけで、実際は相対速度のことを話しているのです。

ところが、マクスウェル方程式を解くと、**「何に対する速度なのか」という情報を入れなくても、電磁波の速度が秒速約30万キロメートルと算出できてしまう**のです！そうなると、当然「マクスウェルが算出した電磁波の速度は、一体誰から見た速度なのか？」という疑問が浮上してきます。これは、ガリレオの相対性原理と矛盾しているように見えることから、当時、大きな問題として受け止められたのです。

最初に考えられたのは、「やはり、宇宙に対する速度というものがあるんじゃないか？」というものでした。秒速約30万キロメートルは、「宇宙に対する速度」であるという考え方です。しかし、もしこれが正しいとすると、ガリレオの相対性原理は間違いであるか、少なくとも大きな修正を迫られるということになります。なぜなら、物体間の相対速度だけではなく、物体の宇宙に対する速度という絶対的な速度の概念が存在することになるからです。それでも当時の多くの物理学者たちはこのように考えたのです。

そこに登場したのが、当時ドイツに住んでいた天才理論物理学者アインシュタインです。彼は、「マクスウェル方程式が秒速約30万キロメートルだと言っているのだから、光の速さは誰から見ても秒速約30万キロメートルである」としたらどうなるかと考えました。これは、一見ばかげた考えに思えます。ある人から見た光の速さが秒速約30万キロメートルだとして、その人に対して秒速約20万キロメートルで動いている人から見ても、その同じ光の速さが秒速約30万キロメートルであると言っているわけですから。しかし、アインシュタインは時間や空間といった概念を考え直すことによって、このような枠組みが矛盾なく存在できることを示しました。こうして構築した新たな理論が、「特殊相対性理論」です。つまり、**アインシュタインは、ガリレオの原理とマクスウェルの方程式との間に発生した矛盾を解消するために、特殊相対性理論を構築した**のです。次章では、この特殊相対性理論と、それをさらに拡張した一般相対性理論を見ていくことにします。

2章

「時間」と「空間」の謎を解く【相対性理論】

2章で解き明かす謎

Q1：アインシュタインはいつ、どうやって「相対性理論」を確立したのか？

Q2：原子と分子の動きを明らかにした「ブラウン運動」とは何か？

Q3：「特殊相対性理論」と「一般相対性理論」の違いとは？

Q4：そもそも「相対性」とはどういう意味か？

Q5：アインシュタインが問い直した「時間」と「空間」の謎とは？

Q6：「光速に近づけば長生きできる」は本当か？

Q7：相対性理論は実社会でどう生かされているのか？

Q8：世界一有名な方程式「$E=mc^2$」が意味することとは？

Q9：特殊相対性理論がどうやって「原子爆弾」の開発につながったのか？

Q10：「一般相対性理論」はどういう理論なのか？

Q11：アインシュタインが解明した「重力の仕組み」とは？

アインシュタインの「奇跡の年」

ここからは、アインシュタインの「相対性理論」へと話を進めていきましょう。

まずは、アインシュタインの生涯から、簡単に振り返りましょう。アインシュタインは1879年、ドイツ南部のウルムという町で生まれました。両親はユダヤ人で、父親は電気工務店などを営んでいました。11歳でギムナジウムと呼ばれる、日本でいうところの小学5年生から高校3年生に相当する生徒が大学進学を目指して通うドイツの学校に入学しました。しかし、アインシュタインは、一人でじっくりと考える数学や物理などの科目は得意だったものの、外国語など暗記に関する科目は苦手でした。また、当時のドイツは、ドイツ帝国初代宰相ビスマルクの下、富国強兵政策が推進されており、教育も厳格な軍国主義の下に行われていました。そのため、アインシュタインはギムナジウムの雰囲気になじめず、15歳で退学してしまいました。

その後、17歳のとき、ヨーロッパの名門スイス連邦工科大学チューリッヒ校（通称チューリッヒ工科大学）に合格し、数学・物理学専門教員の養成課程に進学しました。

大学でのアインシュタインは、講義にはあまり出席せず、自分が興味のあるマクスウェルの電磁気学や、数学の一分野である幾何学に没頭しました。このことが、のちの相対性理論の発見へとつながりました。

しかし、アインシュタインは、大学の物理学部長で、彼の指導を担当したヴェーバー教授と不仲だったことから、卒業後、大学での助手としての道を断たれてしまいました。そのため、2年間の浪人生活を経て、1902年、友人の世話によりスイスの特許局への就職を果たしました。それにより、ようやく安定した収入を得ることができるようになったのです。

特許局の職員だったアインシュタインは、日々特許の審査業務を早々に済ませ、残りの時間を自分の研究に費やしました。そして、1905年の3月から6月までの間に、毎月1編ずつ合計4つの論文を発表しました。**そのうち、3月に発表した「光量子仮説」、5月に発表した「ブラウン運動の理論」、6月に発表した「特殊相対性理論」の3つが、その後の物理学の世界に大変革をもたらす**こととなりました。そのため、1905年は、「奇跡の年」と呼ばれています。

20世紀以降の物理学の3本柱は「相対性理論」、「量子論」、「統計力学」だと言われ

ています。これらのうち、相対性理論はアインシュタインがほぼ一人で確立した理論ですが、光量子仮説はその後の量子論の発展に、そして、奇跡の年の少し前の1902年から1903年にかけて発表した「非平衡統計力学」に関する論文と、ブラウン運動の理論は、統計力学の発展に大きく貢献しています。その点において、アインシュタインは、まさに20世紀以降の物理学において最も大きな影響力を与えた人物といえるでしょう。しかも、彼はこの偉業を、弱冠26歳の特許局の職員の時代に成し遂げているのです。彼はのちに当時のことを振り返り、「特許局の審査業務は、申請を受けた非常に複雑な技術について、この技術の本質はどこにあるのかを瞬時に見抜く仕事であった。そういった日々の訓練がのちの研究者としての人生に非常に役立った」と述べています。

ノーベル物理学賞を受賞した「光量子仮説」

まずは、1905年3月に発表した光量子仮説について、簡単に説明しましょう。

光量子仮説は、量子論誕生の土台となった非常に重要な仮説であることから、第3章の「量子論」の中でも触れます。

光量子仮説とは、**当時、〝波〟だと考えられていた光の正体が、実は〝粒〟でもあったとするもの**です。アインシュタインは、「光電効果」という現象を調べ、この現象を理解するためには、光が小さな粒子であると考えなければならないことを示しました。光電効果とは、金属に波長の長い光である赤外線を照射しても何も起きないが、波長の短い光である紫外線を照射すると、金属から電子が飛び出すという現象です。アインシュタインは、この現象を、「光を波であると考えると説明できないが、光を粒子(「光量子」と呼ぶ)であると考えると説明できる」としました。波長の長い光よりも波長の短い光のほうが、粒子1個当たりのエネルギーが高いため、電子を飛び出させることができるのだと考え、理論を組み立てていったのです。

一方で、光を波と考えないと説明できない現象も数多くありました。その結果、人々は、**「光は波でもあり、粒でもある」という二重性を兼ね備えていることを認めざるを得なくなっていきました**。光量子仮説は、このような、光や電子など量子に関する不思議な性質を解き明かしていくために生まれた「量子論」の重要な出発点となったのです。アインシュタインは、光量子仮説に関する功績が認められ、1921年にノーベル物理学賞を受賞しています。

原子や分子の存在を明らかにした「ブラウン運動の理論」

次いで、1905年5月に発表したのが、ブラウン運動の理論です。そもそもブラウン運動とは、どのようなものなのでしょうか。実は、私たちの生活において非常に身近な現象であり、誰もが日常的に目にしているものです。

気体や液体の分子は、熱エネルギーによって絶えず運動をしています。そのため、気体中や液体中に存在する微粒子は、分子による衝突を受け続けています。その結果、微粒子はあっちへ行ったりこっちへ行ったりと、不規則に動かされることになります。このような微粒子の運動のことをブラウン運動といいます。ブラウン運動は、温度が高いほど動きが激しくなります。

ブラウン運動のブラウンとは、この運動を発見したイギリスの植物学者ロバート・ブラウンのことです。1827年、彼は、花粉を水の中に入れて顕微鏡で観察していました。その際に、花粉から出た微粒子が不規則に絶え間なく動いていることに気づきました。しかし、彼はこの運動の原因を解明することができませんでした。

当時、**原子や分子といったミクロな物質があることは、概念的には考えられていたものの、実際に存在すると思っている科学者はほとんどいませんでした。**現在のような高性能な顕微鏡などもなかったことから、その存在を、観測により確認することもできませんでした。それに対し、ブラウン運動の原因は、微粒子の周りにある気体や液体の分子によるものだと考えたのが、アインシュタインだったのです。彼は、微粒子の大きさとその動きから、微粒子にぶつかる水の分子の大きさを数学的に割り出しました。そして、それを論文として発表したのです。彼はこの論文で博士号を取得しています。

そして、その後、フランスの物理学者ジャン・ペランが、ブラウン運動に関する精密な実験を行い、アインシュタインの理論が正しいことを実験的に証明しました。その結果、物質が分子からできていることが、初めて実験的に示されたのです。このペランの功績により、ようやく原子や分子が実在することが広く信じられるようになったのです。ペランはそれにより、ノーベル物理学賞を受賞しています。

このように、ブラウン運動は、世界で初めて原子や分子の存在が証明されたという点で、科学の歴史において極めて重要な意味をもっているのです。

なお、このような微粒子のことを、化学の分野では、「コロイド粒子」、また、微粒子が気体や液体中に均一に散らばっている状態を「コロイド」といいます。たとえば、埃《ほこり》っぽい部屋に太陽光が差し込むと光の筋が見えることがあります。これは、空気中の埃や塵《ちり》がコロイド粒子となって、空気中に分散しているために起こる現象で、「チンダル現象」と呼ばれています。牛乳やインクが不透明なのも、コロイド粒子が入ってきた光を散乱させているからです。透明な紅茶にミルクを加えると不透明になるのも同様です。その他、バターやマヨネーズ、ゼリーなども同じコロイドです。私たちの身の回りはコロイドで溢れているのです。

統計力学の重要性にいち早く気づいたアインシュタイン

また、1902年と1903年に発表した「非平衡統計力学」に関する論文と、ブラウン運動の法則に関する論文は、統計力学にも大きな影響を与えました。今や物質が無数の原子や分子でできていることは周知の事実ですが、**こうした大規模な集団の**

運動を、統計に関する知識を駆使して理解しようというのが、統計力学です。統計力学は19世紀に完成された「熱力学」と呼ばれる物理学の分野の現代版です。

熱力学とは、マクロの世界での物質の振る舞い、特に、熱の授受に関する理論で、産業革命などでも重要な役割を果たしました。統計力学は当初、このマクロの世界の熱に関する理論を、原子や分子がニュートン力学に従うことを前提に、ミクロな法則から導き出すために考えられました。その後、熱は原子や分子の振動によるものであり、振動は運動の一種であることから、熱力学が実際に原子や分子の力学から生まれることが確認されることになりました。

オーストリア出身の物理学者ルードヴィッヒ・ボルツマンは、熱力学において、最初に統計力学を持ち込んだ人物でした。しかし、既述の通り、当時、原子や分子は概念的なものであって、実存するとは信じられていなかったことから、ボルツマンは、実証主義の立場から原子の存在を否定する科学者たちと、激しく対立することとなりました。そのことなどが原因となり、晩年は精神疾患に苦しみ、イタリアのアドリア海に面した保養地で、失意のうちに自殺してしまいました。それに対し、統計力学の重要性にいち早く気づき、光を当てたのが、アインシュタインだったのです。

「相対性理論」には2つある

そして、1905年6月に発表したのが、「特殊相対性理論」です。**「相対性理論」には、「特殊相対性理論」と「一般相対性理論」の2つがあります**が、最初に発表されたのが、この特殊相対性理論です。

1905年6月当時、光量子仮説、ブラウン運動の理論により、アインシュタインはすでに一部の物理学者の間でその名を知られる存在になっていました。しかしながら、特殊相対性理論に対する物理学者の評価は、発表当初は大きく分かれました。なぜなら、あまりにも常識はずれの突飛な内容だったからです。しかし、量子論の生みの親とされるドイツの物理学マックス・プランクや、チューリッヒ工科大学の数学者で、アインシュタインの恩師のヘルマン・ミンコフスキーなど高く評価する科学者も少なくありませんでした。

その後、特殊相対性理論に対する評価はどんどん高まっていき、アインシュタインは、チューリッヒ工科大学の教授の職に就くことができました。また、1913年には、母国ドイツのベルリン大学の教授になりました。そして、特殊相対性理論の発表から10年の歳月を経て、一般相対性理論を完成させ、1915年から1916年にかけて発表したのです。

「特殊相対性理論」と「一般相対性理論」の違い

まずは、特殊相対性理論から紹介していきましょう。そもそも**特殊相対性理論の「特殊」とは、特殊な場合にのみ当てはまる理論という意味です**。一方、一般相対性理論は、特殊相対性理論をさらに発展させた理論であり、その名の通り、一般的なあらゆる場合に当てはまる理論です。

では、特殊相対性理論が当てはまる特殊な場合とは、どのような場合なのでしょうか。結論から言うと、物理現象を見る観測者が、「等速直線運動」をしている場合です。

等速直線運動とは、「同じ速さ（等速）で、まっすぐに進む（直線）運動」のことです。つまり、速さも向きも変わらないシンプルな運動のことです。また、静止している場合も、ゼロという同じ速さで直進していると考えられるため、等速直線運動に含まれます。逆に、速度が変化したり、進む方向が変わったりする運動は含まれません。

第1章では、「慣性の法則」を紹介しました。これは、「物体は外から力を加えない限り、もともと行っていた等速直線運動を続ける」というふうに表すことができます。たとえば、摩擦力も空気抵抗も発生しない宇宙で、ロケットがエンジンを噴かさなくても、いつまでも一定の速度で飛び続けられるのは、慣性の法則のおかげです。

それに対し、物体に力を加えると、速さが増えたり進む方向が変わったりします。このような運動を、「加速度運動」といいます。ここで覚えておいてほしいポイントは、特殊相対性理論は、観測者が等速直線運動をしている場合にのみ使える理論であり、一般相対性理論は、加速度運動をしている場合にも使える理論であるということです。また、後に説明しますが、一般相対性理論は、特殊相対性理論では扱うことのできない、重力を扱うことのできる理論でもあります。

相対性とは「どちらも正しい」という意味

では、相対性理論の「相対性」とはどういう意味でしょうか。相対性という言葉を辞書で引くと、「他との関係の中にある（相対）という性質のこと」と出ます。相対性の反対語は、「絶対性」です。それに対し、相対性理論における相対性とは、「どちらも平等に価値がある」「どちらも正しい」といった意味であると解釈すると、理解しやすくなるでしょう。

物理学の世界に、「相対性」という概念を最初に持ち込んだのは、第1章で紹介したようにガリレオでした。「ガリレオの相対性原理」が発表されたのは、アインシュタインよりも300年以上も前のことです。ここで、再度、ガリレオの相対性原理についてて考えてみましょう。

ガリレオが地動説を唱えたとき、次のように反論する人がいました。「地動説が本当ならば、仮に塔の上から石を落とした場合、石が落下している間にも地球は動いていることになるので、石は塔の真下ではなく、少しずれた場所に落ちるはずだ。なぜ、塔の真下に落ちるのか説明しろ」。それに対し、ガリレオは次のように説明しました。
「たとえば、一定の速度で、一定の方向に向かって走っている船に乗っている人がいるとする。その人がマストの上から石を落としても、塔の上から石を落とした場合と同じことが起こる。つまり、船に乗っている人にとって、石はマストの真下に落ちているように見える。この船を地球に置き換えて考えればいい。地上の人にとっては、石は塔の真下に落ちているように見えるわけだ」。

それにしても、船が動いているにもかかわらず、石がマストの真下に落ちるのはなぜでしょうか。それは、石も船と一緒に進んでいるからです。慣性の法則により、石も船と同じ速度で前に向かって進みながら、落ちていっているのです。つまり、私たちのいる場所が動いていても止まっていても、それが等速度である限り、そこで起こる物体の運動や法則は、私たちにとってまったく同じものに見えるということです。これが、ガリレオの相対性原理です。ニュートンは、この「速度に、絶対的というものはない」というガリレオの相対性原理を土台にして、ニュートン力学を構築したのです。

光の速度に関する重大な発見

ところが、そこに絶対的な等速直線運動をする物体が突如現れました。それが、光でした。電磁気学の研究が進む中、マクスウェルが構築したマクスウェル方程式を使って計算すると、光の速度（光速）は、秒速約30万キロメートルであることが導き出されてしまったのです。そのことの何が問題だったのかについて、詳しく解説していきましょう。

ガリレオの相対性原理に基づくニュートン力学では、「速度合成の法則」というものが成り立ちます。これは、自分から見た相手の速度、つまり、相対的な速度が、自分の速度と相手の速度の足し算・引き算によって計算できるという法則です。

たとえば、同じ時速250キロメートルで走っている2つの新幹線同士がすれ違うとします。このとき、新幹線に乗っている乗客はそれぞれ、すれ違った方の新幹線が時速500キロメートルで走っているかのように見えます。速度合成の法則により、「250＋250＝500」だからです。逆に、2つの新幹線が同じ時速250キロメートルで並行して走っている場合、新幹線に乗っている乗客はそれぞれ、並行して走っている新幹線が止まっているかのように見えます。速度合成の法則により、「250－250＝0」だからです。

ところが、**もし光の速度（光速）が、常にマクスウェル方程式から得られる値だとした場合、この速度合成の法則が当てはまらなくなってしまう**のです。光の速度（光速）は、光を観測する人が動いていても止まっていても、常に一定の秒速約30万キロメートルと観測されるということになるからです。

実際、1887年に、アメリカの物理学者アルバート・マイケルソンとエドワード・モーリーが、のちに「マイケルソン・モーリーの実験」と呼ばれる重要な実験を行いました。これは、音が空気を媒質として波（音波）として伝わるように、光も「エーテル」という物質を媒質として波（電磁波）として伝わると仮定したとき、地球がエーテルに対してどのように運動しているかを検証するものでした。

もしエーテルが、太陽に対して静止していたとすると、地球は秒速約30キロメートルの速度で太陽の周りを公転しているので、公転方向と垂直である南北方向に進む光に比べて、東西方向に進む光は公転速度の分だけ速度が違っているはずです。ところが、マイケルソン・モーリーの実験では、光の速度はどちらもまったく変わらなかったのです。これは、光には、速度合成の法則が当てはまらないことを表しています。この**「観測者によらず、止まっている人から見ても動いている人から見ても、光の速度（光速）は常に一定の秒速約30万キロメートルである」という原理は、「光速不変の原理」と呼ばれています**。マクスウェル方程式から導き出された光速の理論値は正しかったことが、マイケルソン・モーリーの実験によって実証されたのです。マイケルソン・モーリーの実験は、光速度不変の原理の出発点となりました。マイケルソンは、光学の研究に対する功績が認められ、アメリカ人初のノーベル物理学賞を受賞しています。

とはいえ、これでは、長年信じられてきたガリレオの相対性原理およびニュートン力学に重大な欠陥が見つかったことになります。このことは、物理学における大問題となりました。しかし、この問題はアインシュタインが構築した特殊相対性理論により解決することになります。

時間と空間を見直す

アインシュタインは、観測者によらず、直進する光の速度が常に一定になるということが何を意味するのかを考えました。そして、これを理解するには、これまで私たちがもっていた時間や空間に関する概念そのものを改める必要があるという極めて大胆な発想に出たのです。

ここで、「光の速度と、時間や空間との間にどのような関係があるというのか？」と思った方もいるかもしれません。しかし、速度とは、物理学の言葉で言えば、「単位時間当たりの物体の位置の変化量」のことです。つまり、「ある時間の間に、空間内を、どれだけ移動したか」を表すものであり、時間と空間によって生み出されるものだと言えます。

そこで、**光の速度の謎を探るには、まずは、大元の時間と空間を正しく理解し直すことから始めるべきだ**と、アインシュタインは考えたのです。この発想の転換が、特殊相対性理論の出発点であり、のちに物理学の世界に大革命を起こす原点だったと言えます。常識や通説を疑うということ、原点に立ち返るということは、何事においても重要だということです。

「時間」は相対的なもの

そして、最初にアインシュタインがたどり着いたのが、「時間の進み方は、みる人によって違う」、より正確には、「時間の進み方は対象を記述するのに用いる慣性系によって異なる」という結論でした。

彼は、頭の中で実験を繰り返すことで理論を構築していく方法をよくとっていました。このような実験を「思考実験」といいます。特に光の速度など実際の実験による観測が難しい場合には、思考実験が威力を発揮します。

アインシュタインにならって、次のような思考実験をしてみましょう。

あなたは、一定の速度で走る電車に乗っているとします。そして、電車の床から真上に向けて光を発し、それを天井で反射させて、元の位置でまた計測する実験をしたとします。このとき、光の発射から計測までの間に、どれだけ時間がかかるかを考えてみましょう。

計算を簡単にするために、光の速度（光速）が秒速4メートルだったとして、高さが2メートルの電車でこの実験をしたとしましょう。すると、光は床から天井までの往復で4メートル進んだわけですから、かかった時間は1秒だということになります。ここには何の不思議もありません。

一方で、この実験を地上にいる人が静止した状態で見ているとします。その人から見た光の軌跡は、電車が動いていることを反映して、完全に垂直方向ではありません。具体的には、床から発射された光は、はじめに電車の進行方向へ斜め上に向かって進んでいき、天井で反射されたあとは、電車の進行方向の斜め下に向かって進んで、最終的に床で計測されるという軌跡をとるはずです。つまり、光が発射されてから計測されるまでに進んだ距離は、電車の高さの2倍である4メートルよりも長いということになります。

もし光速が、この地上にいる人からみても同じ秒速4メートルだとしたら、これは光が発射されてから計測されるまでの間の時間は、この人にとっては1秒より長いということを意味します。なぜなら、一般に物体の進んだ距離は、その定義から、「速体の速度×時間」で与えられるからです。つまり、**もし光速が誰から見ても同じだということを受け入れたなら、時間の進み方は動いている人と止まっている人で異なるという結論を受け入れなければならない**のです。

これだけでも十分不思議ですが、光速が誰から見ても同じだということは、「ある人にとっては、2つの出来事が同時に起こったように見えても、別の人にとっては、時間がずれて起こっているように見える場合がある」という結論も導きます。

このことを理解するために、また先ほどと同じように、あなたは、一定の速度で走る電車に乗っているとします。そして今度は、電車の車両の真ん中に立ち、前と後に向かって、同時に光を発射するとします。すると、車内にいるあなたは、前に向かって発射した光と、後に向かって発射した光がそれぞれ、同じスピードで前にも後にも同じ距離だけ進み、前後の壁に同時に届くと結論するでしょう。

一方で、この実験を地上にいる人が静止した状態で見ているとします。その人は、前に向かって発射した光が壁にぶつかるまでに、車両の半分よりも長い距離を飛んでいることがわかるでしょう。なぜなら、電車は走っているため、地上にいる人から見れば、前の壁は前方に向かって移動しているからです。逆に、後に向かって発射した光を電車から発射すると……

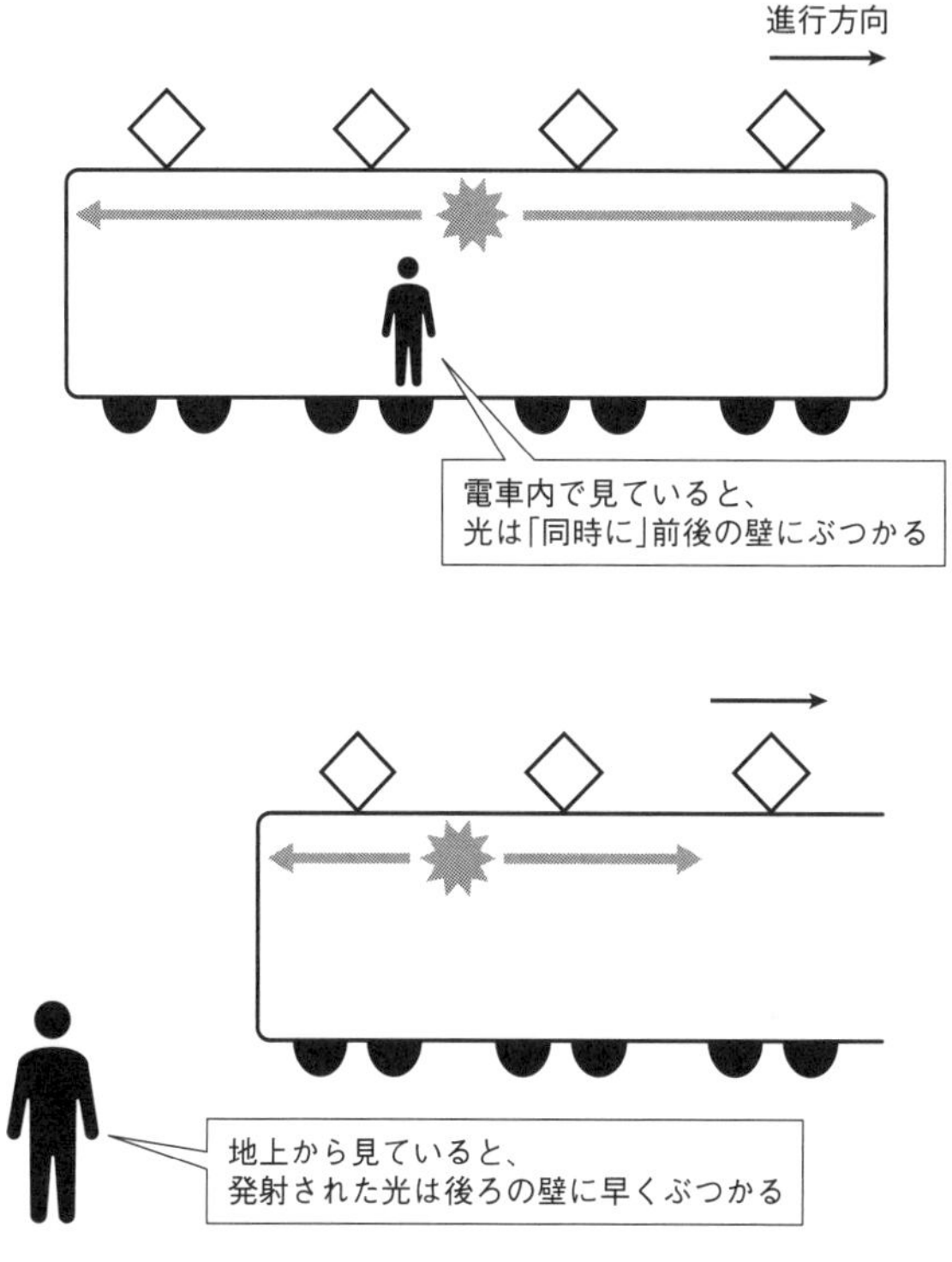
進行方向
電車内で見ていると、
光は「同時に」前後の壁にぶつかる
地上から見ていると、
発射された光は後ろの壁に早くぶつかる

光は後ろの壁にぶつかるまでに、車両の半分よりも短い距離しか進んでいないことがわかるはずです。後の壁も常に前方に向かって移動しているからです。

しかし、もし光速が常に秒速約30万キロメートルだとしたら、光は前にも後にも同じ速度で、前には電車の半分よりも長い距離を、後には電車の半分よりも短い距離を進むということになります。その結果、地上の人から見ると、前と後に向かって同時に発射された2つの光のうち、前に向かって発射された光よりも、後に向かって発射された光のほうが、早く壁にぶつかるという結論になるのです。

アインシュタインは、これらの奇妙な現象が、数学的に矛盾なく起こり得ることを示しました。そして、電車の中の人から見た結論も、地上の人からみた結論も「ともに事実であり、どちらも正しい」としたのです。

これまでずっと、時間の進み方は、誰にとっても同じであると考えられてきました。ところが、実は時間は絶対的なものではなく、見る人の立場によって伸びたり縮んだりするものであり、また、ある人にとっては同時に起こることが、別の人にとっては同時に起こらない場合があるというのです。「時間とは相対的なものであり、これは時間の本質的な性質である」と、アインシュタインは結論づけました。彼は、**光速不**

変の原理（光の速度が誰から見ても一定であるという事実）から出発することで、従来の時間の概念を根底から覆したのです。これが、特殊相対性理論の神髄です。

等速直線運動をするものは、時間の進み方が遅くなりますが、アインシュタインは、特殊相対性理論の中で、時間がどれくらい遅れるかを計算できる「時間の遅れの式」を導き出しています。この式からは、動くものの速度が光速に近づけば近づくほど、時間の遅れの程度が大きくなることがわかります。たとえば、光速の約50％の速度で動くものは、私たちにとっての1秒が約0・87秒に、光速の約90％の速度で動くものは、私たちにとっての1秒が約0・44秒になることが算出できます。

このように、**速度が光速に近づけば近づくほど、時間の遅れる程度は大きくなるので、理論上、これを使って「長生き」することは可能**だと思われます。周囲との時間のずれが生じることから、浦島太郎同様に、自分にとっての1年が周囲にとっての100年だったといったことは起こりうるわけです。しかも、浦島太郎のように、玉手箱を開けたとたん、おじいさんになるといったこともない。しかし、ぬか喜びは禁物です。本人にとっての1年が周囲の人々にとっての100年だったとしても、単に周囲との時間のずれが生じているというだけであって、その間に100年分の人生を送れるというわけではありません。

ちなみにより正確には、仮に光速に極めて近い速さで移動できる電車があったとしても、元いた位置に戻ってきて地上の人と会うためには、電車を減速して（負の加速をして）その向きを変える必要があります。そして、そのような運動は、等速直線運動ではありません。ですから、このように加速を含んだ運動のもとで何が起こるのかに答えるには、もう少し詳細な考察が必要になります。しかし、この場合でも、浦島太郎のような効果が電車で旅した人と地上に残った人との間に生じるという結論は変わりません。

特殊相対性理論はピラミッドの調査にも貢献

しかし、ここまで聞くと、「等速直線運動をするものは時間の進み方が遅くなる」という現象をこの目で確かめてみたいと思うのではないでしょうか。実は、それは可能であり、現代物理学の至るところで見ることができます。

地球には、宇宙から高エネルギーの「宇宙線」が絶えず大量に降り注いでいます。

宇宙線とは、宇宙空間を飛び交う放射線のことです。この宇宙線が地球の大気の上層部にある原子と衝突すると、ミューオン（ミュー粒子）と呼ばれる素粒子を生成します。素粒子とは、物質を構成している最小の単位の粒子のことです。そこで作られたミューオンは、光速に近い速度で大気中を地表に向けて進みます。しかし、ミューオンは非常に壊れやすい物質で、寿命は2・2マイクロ秒（マイクロは10^{-6}＝100万分の1）しかありません。2・2マイクロ秒では、光速で動いたとしても、大気の厚さである数10キロメートルを進むことはできません。ですから、大気の上層で作られたミューオンは地表に着く前に壊れてしまい、地表に到達することはないという結論になりそうに思えます。

ところが不思議なことに、地上では、多くのミューオンが観測されているのです。これは、ミューオンが光速に非常に近い速度で移動しているため、ミューオンの時間の進み方が遅くなっていることによるものです。地上にいる私たちから見れば、**ミューオンの寿命が時間の遅れの効果で延びているので、壊れずに地上にまでたどり着くことができている**わけです。これは、特殊相対性理論がなければ理解不能な現象です。

ちなみに、ミューオンは、非常に透過力が強いという特徴をもちます。そこで、近年は、ミューオンの透過力を生かした「ミュオグラフィ」の利用が進められています。これは、ミューオンの飛跡をもとに、透過した物体の密度を計測することで、物体の内部を非破壊検査しようというものです。いわばレントゲン撮影のミューオン版です。レントゲン撮影ではX線が使われていますが、代わりに宇宙から大量に降り注ぐミューオンを使って観測しようというのです。

これまで、火山のマグマや福島第一原子力発電所の炉心の調査などに使われました。また、2017年には、名古屋大学の研究グループがミューオンを使って、エジプトで約4500年前に建造されたクフ王のピラミッドの内部を透視し、長さ30メートル以上の巨大な空間を発見したニュースは、世界に驚きを与えました。

このように、特殊相対性理論は思わぬところで活用されているのです。

ニュートン力学の不完全性に気付かなかった理由

これまでの話を、ここでいったん、整理します。20世紀初め、電磁気学の発展により、物理学は、なぜ光は誰が見ても一定の速度に見えるのか、つまり、なぜ光にはこれまで完璧と信じられてきたニュートン力学が当てはまらないのかという大きな課題に直面し、その答えを見つけ出すことができずにいました。それに対し、アインシュタインは一度、ニュートン力学を捨て、「光の速度は一定である」という事実を出発点に、新たな物理法則の構築を目指しました。そして、完成させたのが、特殊相対性理論です。

では、ニュートン力学はまったくの間違いだったのでしょうか。決してそうではありません。単に不完全だったということです。そこで、光の速度についても説明できるように修正し、再構築されたのが、特殊相対性理論だったのです。しかし、それにより、私たちは時間の概念を大きく変えざるを得なくなりました。時間は観測者によって変わる相対的なものだという驚きの事実が判明したのです。

では、私たちはなぜ、長い間ニュートン力学の不完全性に気づかなかったのでしょうか。特殊相対性理論における、速度合成の法則について見てみましょう。アインシュタインが導き出した新たな速度合成の法則を見ると、観測者の速度が光速に近い高速でない限り、従来の速度合成の法則を表す式によって算出される値と、ほとんど同じ値になることがわかります。つまり、速度が光に比べてずっと小さい場合がほとんんどである私たちの生活においては、従来の速度合成の法則が成り立っているのです。数学の専門用語を使って表現すると、従来のニュートン力学における速度合成の法則は、〝近似式〟であり、そこから導き出される値は、〝近似値〟だったということです。しかし、**日常生活においてはニュートン力学の精度で十分なことから、ニュートン力学が不完全であっても、なんら問題はなかった**のです。

動くものは長さが縮む

さて、ここまで、速度と時間との関係について見てきました。当然のことながら、アインシュタインは、特殊相対性理論において、速度と空間との関係についても考察し、従来の常識を覆す事実を明らかにしています。それは、等速直線運動においては、「止まっている人から見ると、動いているものの長さは、それが止まっているときに比べて縮んで見える」ということです。ただし、縮んで見えるのは、等速直線運動と同じ向きの方向に限られます。等速直線運動と垂直な向きの長さは変わらない点を補足しておきます。

アインシュタインは、動くものがどれだけ縮んで見えるかを表す「長さの縮みの式」も導き出しています。その式を使って計算すると、仮に1メートルの棒が光速の約50％の速度で動いた場合、その棒の長さは約87センチメートルに、光速の約90％の速度で動いた場合、その棒の長さは約44センチメートルに見えることになります。

では、なぜ、動くものは長さが縮むのでしょうか。これは「動くものは、時間の進み方が遅くなる」ということと密接に関係しています。

このことを説明するために、先ほどのミューオンの例を考えてみましょう。ミューオンを地上で観測できるのは、ミューオンが光速に近い速度で移動しているため、ミューオンの時間の進み方が遅くなっていることによるものだと述べました。これは、地上の人から見たときの見方です。

今度は同じことをミューオンの立場から見てみましょう。ミューオンにとってみれば、自分自身は動いていないので、自分の時間の進み方が遅くなったりすることはありません。つまり、ミューオンは2・2マイクロ秒で壊れます。しかし、ミューオンから見れば、今度は地面や大気のほうが、自分に向かって光速に近い速さで向かってきていることになります。そのため、大気の厚さ、つまり地表までの距離は縮むので、

2・2マイクロ秒でも地表まで到達できることになります。つまり、**ミューオンが地球に到達できた理由は、地上の人にとっては、ミューオンの時間の進み方が遅くなったからであり、一方、ミューオンにとっては、地球までの距離が縮んだからであると**言えるのです。

このように、特殊相対性理論では、同じ現象でも見る視点によって、見え方が大きく異なるということが起こります。しかし、物理的な事実、つまり「ミューオンが地表に達する」という事実は、現象をどの視点から記述しても変わりません。このようなことが起こるのは、時間も空間も、誰からも同じに見える絶対的のものではなく、相対的なものであるということによります。そして、観測者によって時間や長さがどのように違って見えるのかは、関係式を使って厳密に算出することができます。このように、特殊相対性理論は、時間と空間は密接に結びつき、お互いに影響し合っていることを明らかにしました。**それまで物理学において、別々に扱ってきた時間と空間を、「時空」という1つの概念にまとめ上げた**のです。

光速が最高速度かつ有限な理由

ところで、光の速度は、秒速約30万キロメートルと極めて高速だとはいえ、有限です。しかも、**光の速度は自然界に存在できる最高速度であり、あらゆる物体はこの速度を超えることができません**。なぜ、そんなことが起きるのでしょうか。その答えはズバリ、「動くものは、速度が増すにつれ、物体の加速しにくさを表す量である質量も増えるから」です。特殊相対性理論では、この物体の加速しにくさを表す質量は、慣性質量と呼ばれます。

ここで、宇宙を飛んでいるロケットを考えてみましょう。ロケットはどんどん速度を増していくとします。すると、それに伴い、ロケットの慣性質量も増えていくのです。そして、慣性質量が増えていくと、ロケットは加速しにくくなっていきます。つまり、ロケットの速度が増すにつれて、ロケットの慣性質量も増すため、同じ力を加えても、速度はどんどん増えにくくなっていくのです。そして、その繰り返しにより、ロケットの速度が光速に限りなく近づいていくと、ロケットの慣性質量はどんどん大きくなり、それ以上速度が上がらなくなるのです。

止まっているときの慣性質量に比べて、動いているときの慣性質量が何倍に増えるかも、計算式を使って求めることができます。この計算式を使うと、速度をどんどん上げていって光速に近づいていくにつれ、慣性質量は無限に大きくなっていくことが分かります。このため、ロケットは光の速度までは加速できないのです。同じようなことは、他の物体にも当てはまります。一般に、どんな物質であっても、止まっているときに慣性質量をわずかでももっている限り、光の速度まで加速することは決してできないのです。

ちなみに、物体が止まっているときにもっている慣性質量のことを、静止質量といいます。相対性理論では、この二つは異なる量であり、ただ単に質量と言ったときには、通常、静止質量のことを意味します。

なお、光が光速で動ける理由は、数学的には、光（光子）の静止質量が正確にゼロだからです（もちろん光を実際に止まらすことはできませんが）。これが、光の速度がこの世における最高速度である理由です。

「$E=mc^2$」の意味とは

先ほどのロケットの例に戻ります。ロケットのエンジンは、ロケットにエネルギーを与え続けているものの、ロケットは光速までは加速できません。では、加速に使われなかったエネルギーは、一体どこに行ってしまったのでしょうか。それは、ロケットの慣性質量を増やすことに使われたのです。つまり、エネルギーは慣性質量に置き換わったのです。

20世紀の初頭、物理学の世界では、質量とエネルギーについて、すでに次の2つの法則が確立していました。「質量保存の法則」と「エネルギー保存の法則」です。質量保存の法則とは、物質の質量（ニュートン力学では静止質量と慣性質量は同じ）は一定というものです。たとえば、木を燃焼したとしても、燃焼前の質量（木と燃焼に使われた酸素の質量の合計値）と、燃焼後の質量（木が燃えたあとの灰と、燃焼によって発生した二酸化炭素と水蒸気の質量の合計値）は増えたり減ったりせず、同じ値になるということです。

一方、エネルギー保存の法則とは、エネルギーは一定だというものです。たとえば、ジェットコースターの推進力には、位置のエネルギーが使われています。ジェットコースターが最初に高いところまでゆっくりと上っていくのは、位置エネルギーを蓄えるためです。そして、降下する際には、位置エネルギーが運動エネルギーに変換されているのです。しかし、エネルギーの総量は、増えたり減ったりせず、同じ値になります。

それに対し、特殊相対性理論では、「エネルギーが（慣性）質量に変換される」と言っています。これは、**従来、別のものだと考えられていた（慣性）質量とエネルギーが、お互いに変換し合えるもの、つまり、同一のものであった**ことを表しています。特殊相対性理論から導かれた変換式によれば、物体のエネルギーは慣性質量に光速の2乗をかけた値になります。

このエネルギーと慣性質量の換算式は、物体が止まっているときにも成り立ちます。この場合、物体のエネルギーは、静止質量に光速の2乗をかけた値となります。このことを表す式が、有名な「$E=mc^2$」です。Eは物質がもつエネルギー、mは物質の（静止）質量、cは光速を表します。これを言葉で表すと、**物質は、存在するだけで、**

その質量に光速の2乗をかけた分のエネルギーをもっているということになります。なので、もしこの質量エネルギーを、何とかして私たちが使える通常のエネルギーに変換することができれば、私たちは物質の質量だけからエネルギーを取り出すことができることになるのです。

原子爆弾の開発に利用された特殊相対性理論

光速の2乗を計算すると、私たちの使っているメートルや秒という単位においてはものすごく巨大な値になります。つまり、**$E=mc^2$という式は、「ごくわずかな質量の物質から、莫大な量のエネルギーを取り出すことができる」ということを表しています**。とはいえ、物質のもつエネルギーを取り出すことは、容易ではないと思われました。実際に質量をエネルギーに変換するには、最初に物質に膨大な量のエネルギーを与える必要があるように見えたからです。したがって、理論的には質量とエネルギーの変換は可能であっても、実際に変換することは不可能だろうと、多くの科学者は考えました。

ところが、1938年、ドイツの化学者で物理学者のオットー・ハーンとオーストリアの物理学者リーゼ・マイトナーが、重大な発見をしました。ウランの原子核に中性子を当てると原子核分裂が起こり、その際に質量がわずかに減って、それと同時に大量のエネルギーが放出されることがわかったのです。1938年と言えば、第二次世界大戦が始まる前の年です。その後、何が起こったかについては言うまでもないでしょう。そのことについて、ここで触れておくことにしましょう。

ドイツでは、1933年にヒトラーがドイツの首相に就任するやいなや、ユダヤ人の迫害と追放が激しさを増していました。そのため、ユダヤ人であるアインシュタインは、1933年秋、客員教授として招かれていたアメリカの大学からドイツに戻ろうとしていたのですが、身の危険を感じ、そのままアメリカに引き返しました。そして、二度とドイツに戻ることはありませんでした。

一方、1938年、オーストリアはドイツに併合されたことから、ユダヤ系のマイトナーは、ナチスによる影響を直接受けることとなりました。マイトナーは周囲の助けを借りながら、同年、どうにかスウェーデンへの亡命を果たしました。一方、30年以上にわたり、マイトナーと一緒に研究を続けてきたドイツ人のハーンはドイツに残りました。しかし、2人はその後も連絡を取り合いました。ハーンからウランの原子核分裂発見の知らせを受けたのは1938年で、手紙を介してのことでした。

一方、ムッソリーニによるファシスト政権下、妻がユダヤ人であったことから、イタリアを追われ、アメリカに移住していたイタリアの物理学者エンリコ・フェルミが、ウランの原子核分裂の際にエネルギーと同時に多くの中性子が生み出され、その中性子が、他のウランの原子核に当たってまた核分裂を起こすという連鎖反応が起こることを示しました。つまり、**核分裂を倍々ゲームのように連続して起こすことで、瞬間的にすさまじい量のエネルギーを放出させられることがわかった**のです。

アメリカで、コロンビア大学の物理学の教授となっていたフェルミは、移住直後の1939年、亡命したマイトナーを通じて、ハーンによるウランの原子核分裂現象の発見の知らせを聞きました。この知らせは瞬く間に英米の科学者たちに知られることとなりました。欧米の連合国は、ドイツがこの原子核分裂を新型の爆弾、つまり、原子爆弾として利用することを非常に恐れました。アメリカに亡命していた物理学者たちは、ドイツよりも先に原子爆弾を完成させるべきだと考え、ルーズベルト大統領に原子爆弾開発の進言書を提出します。1939年8月、アインシュタインも、自らの理論である特殊相対性理論が、原子爆弾の開発に利用されることをためらいつつも、その進言書にサインをしました。それにより、アメリカでは、原子核分裂に関する研究が進められ、１９４２年にはシカゴ大学で世界初の原子炉が完成し、原子核分裂の連鎖反応の制御に世界で初めて成功しました。

一方で、マイトナーは、１９４３年にイギリスの科学者から原子爆弾の開発への協力を求められた際、「原子爆弾の開発に関わるつもりはない」ときっぱりと断ったといいます。ちなみに、ナチスの圧力に負け、マイトナーを裏切ったハーンは、１９４４年、原子核分裂の発見によりノーベル化学賞を単独で受賞しています。

さて、その後、アメリカでは、原子爆弾開発プロジェクトである「マンハッタン計画」により、原子爆弾の開発が進められました。ロスアラモス国立研究所の初代所長として、このマンハッタン計画を主導したアメリカの理論物理学者ロバート・オッペンハイマーの生涯を描いた映画『オッペンハイマー』が２０２３年にアメリカで、２０２４年には日本でも公開され、大きな話題を呼んだことは記憶に新しいと思います。

オッペンハイマーは、現在私がセンター長を務めている、カリフォルニア大学バークレー校理論物理学センターの元となる理論物理学グループの創設者です。世界で唯一の被爆国である日本人がセンター長を務めているということから、映画『オッペンハイマー』が公開された際には、講演会のパネリストとして、幾度となく呼ばれ、映画に関する感想などを述べました。私自身は極めて深い、政治と人間ドラマの映画であると感じています。

さて、マンハッタン計画はドイツ降伏後も進められ、1945年7月16日には、ニューメキシコ州アラマゴルド近くの砂漠で、史上初の原子爆弾の成功が確認されました。それから約3週間後の8月6日、日本の広島に、8月9日に長崎に相次いで原子爆弾が投下され、数十万人の犠牲を出したことはご存じの通りです。

広島に投下された原子爆弾にはウラン、長崎に投下された原子爆弾にはプルトニウムという元素が使われました。いずれも知られている118種類の元素の中では重い元素です。原子核が割れることは核分裂といいますが、たとえば、100の質量の原子核を2つに割ると、60：39.9や、59.9：40といった具合に、少しだけ質量が減ります。一方で、元素の中で最も軽い、原子番号1の元素である水素の原子核2つを、中性子2つと結合させると、原子番号2の元素であるヘリウムの原子核を作りますが、こうして出来上がったヘリウムの原子核の質量は、元の構成要素である水素の原子核と中性子の質量を足した値よりも少しだけ小さくなります。このように**原子核どうしを結合させることを、「核融合」といいます。**より一般の元素で言えば、原子番号が26の鉄までは、核融合によってエネルギーが生み出され、原子番号27以上の元素に関しては、逆に核分裂を起こさせることで、エネルギーを生み出すことができることがわかっています。実際、太陽は水素の原子核の核融合によって、大量のエネルギーを生み出しています。

アインシュタインは、自分の理論が、核分裂反応を利用した原子爆弾の開発に利用され、大好きな日本に原爆が投下されたことに非常に大きなショックを受け、後悔の念を強めていったといいます。そのため、第二次世界大戦後、アインシュタインは、原子科学者協会の会長となり、科学者の立場から核兵器反対と廃絶を強く訴え続けました。特に、核融合反応を利用した新たな兵器、水素爆弾の開発には断固として反対しました。しかし、1947年頃から体調を崩していたアインシュタインは、自宅や研究室で静かに過ごすことが多くなり、1955年、プリンストンの病院で心臓病により息を引き取りました。

ちなみに核融合は、核分裂の場合とは異なり、放射性物質が出ないという特徴があります。そのため近年は、原子力発電に代わり、水素の核融合によってエネルギーを取り出し、そのエネルギーで発電しようというプロジェクトが日本を含め各国で進行中です。しかし、現時点では、実現の目途は立っていません。

10年もの歳月をかけて構築した「一般相対性理論」

さて、ここからは、アインシュタインの生涯を第二次世界大戦前に巻き戻して、いよいよ「一般相対性理論」を紹介していくことにしましょう。

一般相対性理論とは、ニュートンの重力理論を、特殊相対性理論と両立するように修正し、再構築した理論です。しかし、出来上がった理論は、単に重力を含むのみならず、特殊相対性理論の「特殊」という制約を取っ払った理論、つまり、観測者が等速直線運動だけでなく、どんな運動を行う場合にも対応可能なように拡張された理論になっていました。これは、アインシュタイン自身が人生最高のひらめきと呼んだ、「重力と座標系の加速度は同じものだ」という事実によります。

アインシュタインが特殊相対性理論を発表したのが1905年のこと、一方、一般相対性理論を発表したのが1915年から1916年にかけてのことなので、この一般相対性理論の構築には、実に10年もの歳月がかかったことになります。いかに難題だったかが、このことからもうかがい知ることができます。

「特殊相対性理論」が抱えていた課題

簡単に復習すると、特殊相対性理論は、物理法則を考える観測者が等速直線運動をしている場合という限られた条件の下で、光を含めた物体の運動法則と、それによって明らかとなった時間と空間の性質に関する理論でした。この理論によれば、自然界には最大の速度というものがあり、それは光速の秒速約30万キロメートルで与えられました。つまり、光を含む何物もこの速度を超えることができないということです。そしてこれは、**光速を超えたスピードで情報を伝達することはできない**ということを意味します。特殊相対性理論に矛盾が生じなかったのは、まさにこの性質のためだったのです。

しかし、もし重力がニュートンの理論に従っているとすると、問題が生じます。ニュートン力学では、太陽の周りを地球が回っているのは、重力により太陽と地球が引き合っているからだと説明しています。そうでなければ、地球は太陽の周りを公転することなく、宇宙のかなたに飛んでいってしまうはずです。これは、バケツを手にもって振りまわすのと同じです。手を重力と考えたとき、バケツから手を離せば、すなわち、重力がなくなれば、バケツは一瞬にして飛んでいってしまうでしょう。

しかし、そうすると新たな疑問が湧いてきます。ニュートン力学では、重力は2つの物体の間で瞬時に働く力であるとされています。これは、重力が伝わる速度は無限大であることを意味しています。したがって、バケツから手を離した瞬間にバケツが飛んでいくように、突然、太陽が消滅したとしたら、その瞬間に地球は宇宙のかなたに飛んでいくはずです。

ところが、太陽と地球の間の距離は、光速で進んだとしても約8分かかります。なので、もし特殊相対性理論が正しいとすれば、太陽が消滅した情報が地球に到着するには、最低約8分かかるはずです。つまり、もし太陽が突然に消滅したとしても、地球は約8分間は太陽が元あった地点の周りを回り続けるはずなのです。逆に言うと、もしニュートンの重力理論が示唆するように、太陽が消えた情報が地球に瞬時に伝わるならば、特殊相対性理論は破綻してしまうのです。

つまり、ニュートンの重力理論と、光速が最高速度だとする特殊相対性理論との間には明らかな矛盾が存在するのです。この矛盾を解消するためにも、**アインシュタインはニュートンの重力理論を、特殊相対性理論と矛盾しない理論体系に再構築する必要があった**のです。

「等価原理」とは

アインシュタインは、まず、「等価原理」と呼ばれる原理にたどり着きました。**等価原理とは、一言で言えば、「重力と加速度は等しい価値を持つ」という原理です。**言い換えると、「すべての物体が同じ重力加速度（重力によって生じる加速度）で落下することは、地面のほうが同じ加速度で上昇した結果とみなしてもよい」という原理です。

アインシュタインは、ガリレオの「すべての物体は重力によって、同じ加速度で落下する」という発見をもとに、この原理を得ました。のちにアインシュタイン自ら、

「生涯で最も素晴らしいひらめきだった」と振り返っているように、**等価原理は、一般相対性理論を構築する際の出発点となった重要な原理であり、今では、物理学における最も基本的な原理の1つとなっています**。

では、等価原理を詳しく説明していくことにしましょう。

まずは、次のような思考実験をしてみます。あなたは、手にリンゴをもった状態で、エレベーターに乗っているものとします。エレベーターが止まっているとき、リンゴを手から離すとどうなるでしょうか。当然のことながら、床に落ちるでしょう。次に、エレベーターを無重力の宇宙にもっていくとします。この状態でリンゴを手から離すとどうなるでしょうか。無重力なので、リンゴはぷかぷか宙に浮くことでしょう。では、無重力の宇宙で、エレベーターを高速に上昇させる（上に向かって加速度運動をさせる）ことにします。この状態でリンゴを手から離すとどうなるでしょうか。リンゴは床に向かって落ちていくでしょう。

ここで、再びエレベーターを地球に戻すことにしましょう。ただし、エレベーターには窓がないため、あなたは宇宙にいるのか、地球にいるのかはわからないものとします。ここで、エレベーターを吊っているワイヤーが突然切れてしまい、エレベーターはものすごい速度で落下していく（下に向かって加速度運動をする）とします。このとき、あなたは驚いて手からリンゴを離してしまいました。すると、リンゴはどうなるでしょうか。答えは、「ぷかぷか宙に浮く」です。このことは、ジェットコースターが急降下したとき、宙に浮いた感覚を覚えることからも想像がつくでしょう。

では、ここで最後の問題です。このとき、あなたは、自分が宇宙の無重力状態の中にいるのか、地球でエレベーターを吊っているワイヤーが切れた状態の中にいるのか、判断することはできるでしょうか。答えは、「判断することはできない」です。同様に、リンゴが床に落ちたとしても、それが、宇宙の無重力の中でエレベーターが上昇したことに伴い、床に向かって引っ張られて落ちたのか、あるいは、地球上で重力によって落ちたのかも判断することはできません。以上から、**重力と加速度は、同じ役割を果たしている**ことがわかります。つまり、観測者が加速度運動をしている場合を考えることと、物体に重力が働いている場合を考えることは同じこと（等価）だったのです。これが、等価原理です。

「重力」の仕組みを解明

次の問題は、このアイデアをどのようにして数学的に定式化するのか、ということでした。重力は、場所ごとに違った向きに働きます。これは、場所ごとに違った加速をしていない空間を考えなければならないということを意味します。加速しているとい
う意味は、慣性系に対して加速しているということですから、これは、**ある場所において考えた慣性系と、別の場所において考えた慣性系が、お互いに等速ではなく加速度運動をしている**ということに対応します。

このような状況を表すために、アインシュタインは、「歪んだ時空」というものを考えました。「重力とは、時空の歪みがもたらす現象のことではないだろうか」と発想したのです。先にも述べたように、時空とは、時間と空間を合わせたものをいいます。私たちは、3次元の空間に、時間軸という1次元を加えた4次元の時空に住んでいます。アインシュタインは、この時空が歪むことによって、異なる場所の間の慣性系同士の関係が、等速直線運動からずれるのではないかと考えたのです。

アインシュタインは、「リーマン幾何学」など当時の最先端の数学を駆使して、このアイデアを定式化することに成功しました。リーマン幾何学とは、ドイツの数学者ベルンハルト・リーマンが新たに構築した幾何学で、従来のユークリッド幾何学とは異なり、歪んだ空間を扱うことができるのが特徴です。リーマンは19世紀を代表する数学者の一人であり、数学における最も重要な未解決問題の1つと言われる「リーマン予想」を提唱したことでも知られます。

このようにして、**アインシュタインは「重力場の方程式」を導き出すことに成功しました**。重力場の方程式は複雑なので、ここでは詳しくは紹介しませんが、ニュートンの万有引力の法則を、重力が極めて強い場合にも適用できるよう拡張したものになっており、また自然界の最大速度が光速であるという特殊相対性理論の原理にも合致するものになっています。この重力場の方程式は、一般相対性理論において最も基本的な方程式です。

重力場の方程式は、一言で言うと、「物体がもっているエネルギーが、時空の歪み具合を決めることを表している式」です。このことを理解するために、比喩的に、4次元の時空を、トランポリンのように枠にピンと張られている伸縮性のあるやわらかい布だと思ってみましょう。そして布の表面に、ボールを乗せたとします。当然のことながら、ボールの重みで布は歪むでしょう。これを「時空の歪み」と考えます。さらに、そばにもう1つボールを乗せてみます。すると、布はさらに歪むでしょう。しかも、その歪みにより2つのボールはくっつくはずです。このくっつくという現象を、アインシュタインは、普段、私たちが重力（万有引力）とみなしているものであると考えたのです。つまり、ボールを乗せると2次元の布の表面が歪むように、物質があると、それによって周囲の時空が歪みます。そして、その歪んだ時空の中で物質の状態を見ると、重力（万有引力）が働いているような現象が起きるのだというのです。

重力の正体がこのようなものであれば、先に述べた矛盾も解決します。いま、布の表面にボウリングの球のような重いものを置いたとしましょう。このボウリングの球を太陽だと考えます。この「太陽」は、周囲の布を歪ませます。この状態で、今度はパチンコの玉のようなずっと軽い玉を、「太陽」から離れたところで太陽の向きと垂直方向に弾けば、その玉は「太陽」の周りを周回することになります。この軽い玉が、地球に相当します。

さて、ここでボウリングの球を布の上から取り去ってしまったらどうなるでしょうか。当然、布の歪みは元に戻っていくことになりますが、それは一瞬で起こるわけではありません。ボウリングの球があった位置から外側に向けて、徐々に戻っていくことになります。つまり、ボウリングの球を取ってしまっても、この「布の歪みの戻り」がそこに伝わるまでは、パチンコの玉は、あたかもまだ「太陽」が存在するように、ボウリングの球があった場所の周りを回り続けることになります。**アインシュタインの一般相対性理論では、この布の歪み（この場合、歪んでなさ）の伝わる速度がちょうど光速になっている**のです。そのため、もし太陽が瞬間的に消えてしまったとしても、地球は約8分間は太陽のあった位置の周りを回り続けることになります。

このように、一般相対性理論は、物質が周囲の時空を歪めるということを明らかにしました。物質と時空は決して独立して存在するものではなく、相互に関係するものだったのです。特殊相対性理論が、それまで別のものだと考えられていた時間と空間を時空として統一したように、**一般相対性理論は、等価原理を出発点として、それまで独立に考えられていた物質と時空という概念を、お互いに関連した概念として統一的に扱う理論体系を打ち立てた**のです。

一般相対性理論の正しさを証明した皆既日食

アインシュタインは、一般相対性理論を完成させてすぐに、それを太陽系の惑星の運動に適用してみました。太陽系を回る惑星は楕円軌道を描きますが、実はそれは厳密には閉じた楕円にはなりません。具体的には、惑星が太陽に一番近くなる近日点と呼ばれる位置は、惑星同士の引力のために徐々にずれていくのです。この近日点の移動と呼ばれる効果は非常に小さく、地球の場合では100年間で楕円の向きが約11000秒角（約0・3度、1秒角は1度の3600分の1）変わるにすぎません。

これら近日点の移動は、ニュートンの重力理論を使って計算することができ、その結果は当時の精度の範囲で観測された結果とよく一致していました。しかし、太陽に一番近い惑星である水星の近日点移動に関しては、計算結果と観測結果が100年間に43秒角分だけずれていたのです。アインシュタインは、一般相対性理論を使って水星の近日点の移動を計算してみました。その結果、一般相対性理論は、ニュートンの重力理論に比べ、ちょうど100年間に43秒角分だけ大きな近日点移動を与えることがわかったのです。アインシュタインは、この発見を大変喜んだと伝えられています。

ちなみに現在では、水星以外の惑星の近日点移動に対する一般相対性理論の効果も計算されています。これらは水星に対する効果よりは小さいのですが、現在の精度の高い観測によって、すべて一般相対性理論の結果と一致することがわかっています。

また、アインシュタインは、他にも何か一般相対性理論の正しさを確認できる方法はないかと模索しました。アインシュタインは、**物質によって時空が歪められると、本来直進するはずの光の進路が、時空の歪みに沿って曲げられる**ことに着目し、この現象を観測することができれば、一般相対性理論の正しさを実証できるということを思いつきました。そこで、彼が選んだのが、「日食」でした。太陽の近くに見える星は、太陽の重力によって光の進路が曲げられ、本当の位置からずれて見えるはずです。とはいえ、太陽が出ている日中は、太陽の近くの星を観測することはできません。しかし、日食で太陽が隠れている間であれば、特殊な技術を使うことで、観測することができるというわけです。

1919年5月29日に、南半球で皆既日食が起こることが、天文学によってあらかじめわかっていました。そこで、この皆既日食を観測することで、一般相対性理論が本当に正しいかどうかを検証しようということになりました。イギリスの天文学者アーサー・エディントンがアフリカのプリンシペ島に遠征し、皆既日食を観測しました。

その観測結果は果たしてどうだったでしょうか。**星の本来の位置からのずれは、見事に一般相対性理論が導き出した値と一致した**のです。一般相対性理論の正しさが劇的に証明された瞬間でした。このニュースは世界中に報道され、アインシュタインは一躍、「ニュートン以来の天才科学者」として広く知られることとなりました。

現在では、このような、天体などの強い重力により光の進路が曲げられるという現象は「重力レンズ効果」と呼ばれ、さまざまな場面で観測され、また使われています。

一例としては、宇宙には光を出さないため、直接見ることができない「暗黒物質（ダークマター）」と呼ばれる未知の物質が存在していることが知られていますが、その性質を調べるのに使われています。暗黒物質は、1933年にスイスの天文学者フリッツ・ツビッキーにより提唱され、現在ではさまざまな観測から、その存在は疑いのないものになっています。この暗黒物質は、光学望遠鏡で直接観測することはできませんが、存在していれば、その重力によって周囲の光の進路を曲げることになります。

したがって、暗黒物質による重力レンズを観測することで、暗黒物質の宇宙における分布を調べることができるのです。

加速度や重力によって時間の進み方が変わることも実証

また、一般相対性理論は、**加速度や重力によって時間の進み方が遅くなる**ことを予言します。1971年に、このことを実験によって証明しようという試みが行われました。現在、「1秒」の基準となっている「セシウム原子時計」をジェット機に乗せて上空を飛ばし、一般相対性理論による時間の遅れを計測しようというわけです。セシウム原子時計は15桁の精度で1秒を計測することができます。この時計を乗せたジェット機が、地球を周回して戻ってきたところで、地上に置かれていたセシウム原子時計と時間を比較したところ、1000万分の1秒から1億分の1秒とわずかながら、実際に時間の進み方が遅くなっていることが確かめられました。

また、一般相対性理論によれば、標高の高いところほど、重力がわずかに弱いため、時間の進み方が速くなります。このことを検証するため、1980年代には、アメリカ航空宇宙局（NASA）がセシウム原子時計を高度1万キロメートルに打ち上げ、一般相対性理論の正しさを実証しました。

さらに、2020年には、セシウム原子時計よりもさらに高精度な「光格子時計」を開発した東京大学の香取秀俊教授の研究チームが、東京スカイツリーの展望台と地上階にそれぞれ光格子時計を設置。地上階に置かれたものよりも、重力がわずかに弱い展望台に置かれたもののほうが、時間が約4・26ナノ秒（ナノは10^{-9}を表す）速く進むことを確認したのです。

現在、一般相対性理論が導き出した、この「標高の高いところほど重力はわずかに弱いため、時間の進み方が速い」という事実は、GPS（全地球測位システム）による位置情報システムやカーナビゲーションシステムにも活かされています。GPSでは、自分の位置を計測するため、人工衛星からの位置と時刻を使っています。仮に人工衛星の時刻情報が1マイクロ秒（マイクロは100万分の1）違うと、地上では300メートルもの誤差になるため、正確な時刻情報が必要です。しかし、人工衛星は地球の周りを飛んでいるため、重力が地上よりも弱く、人工衛星と地上では人工衛星の方が時間の進み方が速いのです。1日あたり、約38マイクロ秒程度の誤差ですが、GPSが算出する位置に換算すると、1キロメートル以上も異なってしまいます。そのため、**一般相対性理論に基づき時刻のずれを補正し、より正しい位置を割り出しているのです。**つまり、私たちは知らずしらずのうちに、日常的に一般相対性理論のお世話になっていたのです！

ブラックホールの存在も実証

一般相対性理論の「重力場の方程式」は、「ブラックホール」と呼ばれる奇妙な天体の存在も予言します。ブラックホールの理論的な発見は、1916年にドイツの天文学者カール・シュヴァルツシルトが、アインシュタインの論文をもとに、球対称な時空における重力場の方程式の解を見つけたことに端を発しています。

一般に、私たちの宇宙に存在する星には、寿命があります。太陽よりもはるかに重い恒星は、核融合反応によって輝き続けた後、エネルギーを失って、自らの重力で収縮を始めます。収縮していき、密度が高まっていくと、それに伴い、星の表面の重力がどんどん巨大化していきます。その結果、周りの時空は激しくねじ曲げられます。それにより、その星の周囲にあるすべての物質は、光さえも、星からの重力に逆らって進むことができなくなってしまいます。そして最終的には、星を構成していた質量はすべて中心の一点に向かって崩壊していき、その周りには何物も脱出できない空間の領域が生まれます。これが、ブラックホールです。

観測的には、1971年、アメリカ航空宇宙局（NASA）のX線天文衛星が初めて、ブラックホールらしき天体を発見しました。ブラックホール自体は直接見ることはできないものの、ガスを激しく吸い込む際にガスからX線が放出されると言われており、そのX線が観測されたのです。現在では、多くの銀河の中心には、超巨大なブラックホールがあることがわかっています。また、私たちの銀河系の中だけでも1億から10億個のブラックホールが存在すると言われており、そのうち約100個は実際に観測されています。

また、**一般相対性理論は、「重力波」の存在も予言しました**。重力波とは、時空の歪みが空間を波のように伝わっていく現象で、ブラックホールや中性星など巨大な質量を持った天体同士が合体したり、超新星爆発を起こしたりした際に発生します。しかし、重力波による時空の歪みは極めてわずかなことから、検出には非常に高度な技術が必要です。そのため、各国で重力波を観測する「レーザー干渉計」が開発され、観測が続けられてきました。

「重力波観測装置は、重力波以外のものであれば、何でも観測できる」と揶揄《やゆ》されるほど、重力波の観測は難しいものでしたが、アインシュタインの予言からちょうど100年目の記念すべき2016年、ついに、アメリカの重力波観測装置「LIGO」が、重力波の直接観測に成功したと発表しました。重力波の観測は、アインシュタインによる「最後の宿題」と言われており、このビッグニュースは世界中を駆け巡りました。LIGOにより重力波の検出に成功した3人の物理学者であるマサチューセッツ工科大学（MIT）のレイナー・ワイス教授、カリフォルニア工科大学のバリー・バリッシュ教授およびキップ・ソーン教授は、この世界的偉業により2017年、ノーベル物理学賞を受賞しています。発表の翌年というスピード受賞です。

その結果、「重力波天文学」と呼ばれる新たな天文学の時代が幕を開けました。重力波を使うことにより、光を使っては観測することができない「初期宇宙」を直接観測することなどが期待されています。

また、**一般相対性理論により、時間と空間が歪んだり、伸び縮みすることが明らかになったことで、宇宙が膨張していることも判明しました。**それにより「ビッグバン理論」や「インフレーション理論」といった宇宙論が生まれることになります。

しかし1917年当時、宇宙は静的な存在であり、膨張も収縮もしていないと固く信じていたアインシュタインは、自ら導き出した計算結果を信じることができず、一般相対性理論の方程式を補正するため、最後に項を足してしまいました。「宇宙項（宇宙定数）」と呼ばれるものです。これにより、重力の効果を相殺して、強引に静的な解を導いたのです。ところが、その12年後の1929年、アメリカの天文学者エドウィン・ハッブルが、実際に宇宙の膨張を発見し、アインシュタインは、宇宙項と静的宇宙を撤回しました（同時期に、ベルギーの天文学者でカトリックの司祭でもあるジョルジュ・ルメートルも宇宙膨張を見つけています）。彼は、これを「人生最大のミスだった」と語ったという逸話が残されています。

さらに1998年には、超新星の観測結果から、過去50億年にわたり宇宙が加速膨張し続けていることが発見されるのですが、これらの話の続きも第4章に譲ることにしましょう。

さて、ここまでが、古典物理学と呼ばれる物理学の体系です。次の第3章からは「現代物理学」の解説に入ることにします。現代物理学に分類される量子論は、19

００年、20世紀が始まる前年に、ドイツの物理学者マックス・プランクが発表した論文がその始まりと言われています。アインシュタインが特殊相対性理論を発表する数年前のことでした。

3章

物理学の常識を一変させた
量子の力【量子力学】

3章で解き明かす謎

Q1：そもそも「量子」とは何なのか？
Q2：「光は粒であり、波でもある」とはどういうことか？
Q3：量子力学の先駆けとなった「物質波」とは何か？
Q4：「観測」の効果を無視することはできるのか？
Q5：世界で最も美しい実験「ダブルスリット実験」とは？
Q6：観測するかどうかで結果が変わる「電子の性質」とは？
Q7：思考実験「シュレーディンガーの猫」の意味とは？
Q8：量子力学的な「多世界」とは何なのか？
Q9：不思議な現象「量子もつれ」とは？
Q10：「量子コンピュータ」は実現できるのか？

「量子論」は物理学の歴史における大革命

20世紀に入り、相対性理論とほぼ同じ時期に構築が進められたのが、「量子論」です。相対性理論が、天才物理学者アインシュタインがほぼ1人で築き上げた理論だったのに対し、量子論は、非常に多くの科学者によって徐々に築き上げられていった理論です。その中からは、多数のノーベル賞受賞者を輩出しています。量子論は、物理学の歴史における大革命であり、概念において、古典物理学から非常に大きな飛躍があります。そのため、とても1人の科学者だけで構築できる理論ではなかったとも言えるでしょう。

なお、「量子力学」という言葉もよく耳にすると思いますが、量子論は、ミクロの世界の物理現象に関する概念を示したもの、量子力学は、量子論に基づきその物理現象を記述するための数学的な手段と説明されることがよくあります。しかし、プロの研究者の間では、この2つの言葉はほぼ同じ意味で使われています。なので、「量子論」と「量子力学」の言葉の違いは、以後、気にしなくてもよいでしょう。

「量子」は「とびとび」という意味

第3章では、量子論の歴史を振り返りながら、時系列に沿って紹介していくことにします。

そもそも「量子」とは何でしょうか。量子は、英語の「quantum（クオンタム）」を日本語に翻訳したもので、物の量を意味する「quantity（クウォンティティー）」と同じ語源です。「小さなかたまり」、「不連続な量のひとかたまり」といった意味をもちます。ミクロな物質がもつエネルギーの量（大きさ）が〝不連続〟で、小さなかたまりになっているという意味です。量子と訳したのは大正時代のことで、なぜ、このような言葉を当てたのかはよくわかりませんが、私たち物理学者は、量子という言葉に、「とびとび」といったイメージを抱いています。量子論は、いうなれば、「とびとび論」、量子力学は「とびとび力学」といったところでしょう。

量子という概念が最初に提唱されたのは、19世紀の最後の年、１９００年のことです。プランクが、ベルリン物理学会の講演会で、「エネルギー量子仮説」を発表したのが始まりです。

エネルギー量子仮説とは、「物体が熱や光を放射したり吸収したりする際、そのエネルギーは連続的な値を取らず、一定の極微の単位量（量子）の整数倍になる」というものです。プランクは、この理論を、物質を熱したときの物質の温度と、その物質が放射する光の色との関係を探る中で発見しました。そして、光がもつエネルギーについて、量子という概念を提唱したのです。

光は波なのか？　それとも粒なのか？

光に関する研究が本格的に始まったのは、17世紀頃のことです。光の正体が〝波〟なのか、〝粒子〟なのかについては、何世紀にもわたり、多くの科学者が議論を戦わせてきた大きな課題でした。一方で、ニュートンが、太陽光をプリズムに通すと無色透明のはずの光が7色に分かれることを発見しました。ニュートンはこの実験から、光はさまざまな色をもつ小さな粒子が集まったものであると考えました。これを、「光の粒子説」と言います。ニュートンは、自身の著書『プリンキピア』及び『光学』の中で、光の粒子説について記しています。光の粒子説は、少し前に、「光の波動説」を唱えたオランダの科学者クリスティアーン・ホイヘンスと対立するものでした。

ホイヘンスは、ニュートンとほぼ同時代を生きた物理学者かつ数学者で、「光の正体は波である」としました。1690年に発行した自身の著書『光についての論考』の中で、回折など光に関する波としての性質について記し、「ホイヘンスの原理」としてまとめ上げていきました。回折とは、媒質や空間を伝わる波が、障害物の背後に回り込んで伝わっていく現象のことです。また、ホイヘンスは同著の中で、光が波であるならば、それを伝播《でんぱ》する何らかの媒質があるべきであると考え、その媒質として、「エーテル」という物質を提案しました。

波の基本性質

ここで、波に関する基本的な性質と、言葉の意味を整理しておくことにしましょう。

波とは、物質の振動が周囲に伝わる現象です。身近な波としては、水面を伝わる波や音波、地震波などがあります。

波は、「波長」、「振幅」、「振動数」といった要素で表されます。波の高いところ（山）と低いところ（谷）が交互に続いており、山と山の頂点、または、谷と谷の頂点を結んだ長さを波長と呼びます。また、振幅とは、山の高さや谷の深さのことです。振幅の大きな波ほど大きなエネルギーをもちます。そして、振動数とは、「周波数」とも呼ばれるもので、波が1秒間に何回、山と谷の変化を繰り返すかを表す数値です。波長と振動数は反比例の関係にあります。つまり、波長の長い波の振動数は小さく、波長の短い波の振動数は大きいのです。

ヤングによる「ダブルスリットの実験」

さて、光の粒子説と波動説の対立の話題に戻りましょう。ニュートンが光の粒子説を唱えたこともあり、17世紀は光の粒子説のほうが有力と考えられました。しかし、1805年頃に、イギリスの物理学者トーマス・ヤングが、「ダブルスリットの実験」と呼ばれる光の干渉を示す実験を行いました。**干渉とは、複数の波の重ね合わせ**

ダブルスリット実験

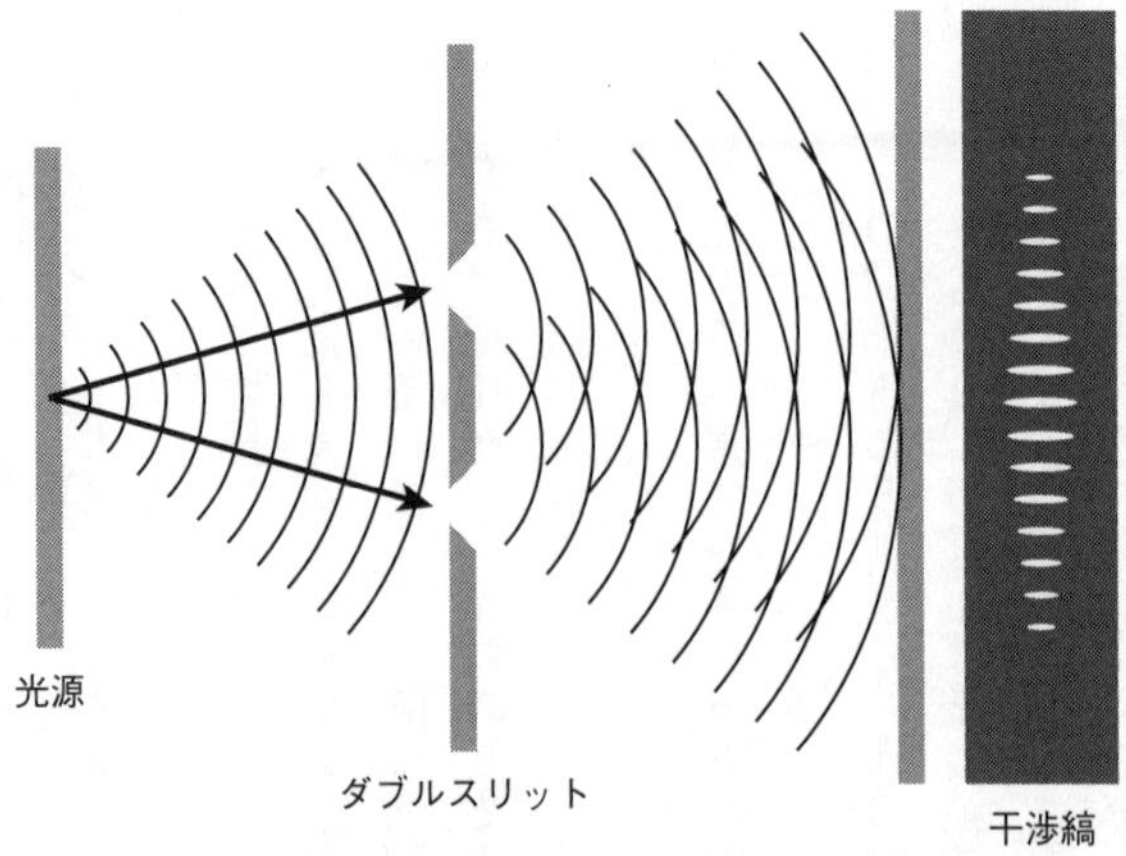

によって新しい波形ができる現象のことです。2つの波の山と山同士、谷と谷同士が重なると、波の振幅が重なり合って山の高さや谷の深さが増し、逆に、2つの波の山と谷が重なると、波の振幅がお互いに打ち消し合って、波が消えてしまうのです。

ヤングは、2つの平行なスリットがあけられている板に向かって光を照射すると、2つのスリットを通り抜けた光が、その先のつい立てに、干渉縞《かんしょうじま》と呼ばれる光の明暗による縞模様を生じさせることを示しました。これまで、光の波動性を証明する実験は行われていなかったことから、ヤングの実験により、一気に光の波動説が有力になったのです。

マクスウェルが解明した光の正体

その後も、さまざまな実験が行われ、19世紀半ばには、光の波動説がすっかり定着していました。さらに、その決定打となったのが、イギリスの物理学者マクスウェルが、電磁波の存在を理論的に予言したことです。

第1章でも見たように、18世紀半ばには、イギリスの化学者で物理学者のファラデーなどにより、電気と磁気に関する研究が一気に進み、19世紀には、電気と磁気は表裏一体の現象であることが明らかになっていきました。そして、1864年、マクスウェルは、ファラデーによる電磁場理論をもとに、電場（電気力の働く空間）と、磁場（磁気力の働く空間）が、振動しながら空間を伝わっていくことを予言しました。これが、電気と磁気の波、すなわち電磁波です。さらに、マクスウェルは、電磁波が空間を伝わる速度を計算し、それがなんと光の速度（秒速約30万キロメートル）と等しくなることを発見し、「光は、電磁波の一種である」と結論づけたのです。そして、1888年、ドイツの物理学者ハインリヒ・ヘルツが、電気と磁気の波が空間を伝わることを実験により実証し、電磁波の存在が証明されたのです。これにより、**光の波動説は、ほぼ確立されたかに見えました。**

量子論は溶鉱炉から生まれた

しかし、光が波だとすると、どうしても理解できないことがありました。**当時の科学では、熱した物体から放射される光の特徴を説明できなかったのです。**146ページでも述べたように、この謎を解くための研究を通してプランクは、1900年、エネルギー量子仮説を導き出したのです。

エネルギー量子仮説とは、先にも説明した通り、物質を熱したときの温度と、その物質が放射する光の色との関係を探る研究から生まれた仮説です。ここには、「溶鉱炉の中の温度を正確に知りたい」という当時の切実な社会的な要望がありました。

19世紀後半、ドイツのアルザス・ロレーヌ地域は石炭と鉄鉱石の産地として栄えていました。これらを原材料にして、溶鉱炉で鉄を作る製鉄業が盛んだったのです。質の高い鉄を作るには、溶鉱炉内の鉄の温度を正確に制御する必要がありました。とはいえ、数千度にも達する高温を計測できる温度計など存在するはずもありません。そのため、どのようにして制御していたかというと、職人による勘と経験に頼っていたのです。しかし、「鉄から放射される光の色がこれくらいならば、温度は大体これくらいだろう」といったかなりアバウトなものでした。そのため、熱した物質の温度と放射される光の色との関係を、より正確かつ科学的に知りたいという強い要請が出されました。そしてその結果、多くの物理学者がこの問題に取り組むこととなりました。その一人がプランクだったのです。

異なる新たな物理学の扉を開いた「エネルギー量子仮説」

光の色の違いは、光の波長の違いによるものです。**ある光の中に、どのような波長の光が、どれくらい含まれているかを調べることを「光のスペクトルを調べる」と言います。**

プランクは、鉄から放射される光のスペクトルを調べていきました。まずは、鉄の温度とその温度における光の色を観測し、グラフにしていったのです。また、温度は、鉄を構成する無数の原子の運動エネルギーの平均値なので、ニュートン力学を使って、原子の運動エネルギーを算出しました。加えて、マクスウェル方程式を使って、それぞれの温度に対する電磁波の波長を割り出しました。そして、観測結果とニュートン力学、マクスウェル方程式を使って計算した結果を比べてみたのです。すると、**驚くべきことに、観測結果と計算結果がまったく合わなかった**のです。

プランクは研究を続ける中、ある考えに至りました。それは、「光（電磁波）のエネルギーは、1個、2個と数えられる小さなかたまりのようなものではないだろうか」というものです。そして、次の仮説に行き着いたのです。**「ある振動数の光（電磁波）がもつエネルギーの値は、振動数に、ある定数をかけたものを最小単位として、必ずその整数倍になっている」。これが、エネルギー量子仮説です。**エネルギー量子仮説の中でプランクが示したある定数は、のちに、「プランク定数」と呼ばれるようになりました。プランク定数は、量子論において極めて重要な定数なので覚えておきましょう。

エネルギー量子仮説を言い換えると、プランク定数をhとすると、振動数がν（ニュー）である光（電磁波）のエネルギーを測ると、その値は、整数倍であるhν、2 hν、3hν……という、とびとびの値を取るということです。つまり、光のエネルギーは、hνを単位とするとびとびの値しか取ることができないというのです。**このひとかたまりの単位量が、量子ということです**。

従来の物理学によれば、波である光のエネルギーは、その振動数に関係なく、どのような値でも取ることができました。そもそも自然現象における物理量は、連続的に変化するものであり、「不連続に変化する、つまりとびとびの値しか取ることができない場合がある」などという考えは、当時の常識からはまったく外れていました。たとえば、自動車を加速すると、連続的に速度は上がっていきますよね。時速10キロメートルの次は時速20キロメートルに跳び、その次は時速30キロメートルに跳ぶといったことはありません。そのため、プランクの仮説は、当時の物理学者たちに、非常に大きな衝撃を与えたのです。

しかし、このプランクのエネルギー量子仮説をきっかけに一気に研究が進み、量子論として発展していくことになります。**19世紀の最後の年にプランクは、「これが完成形である」と信じられてきたニュートン力学を基盤とする従来の物理学とはまったく異なる新たな物理学の扉を開いた**のです。そのため、プランクは「量子論の父」と呼ばれています。

ちなみに、従来の物理学において、「物理量は連続的に変化するもの」と考えられてきたことには、それなりの理由がありました。それは、プランク定数hが、「$6.626\times10^{-34}m^2kg/s$」という極めて小さい値であるからです。そのため、これまで私たちは、物理量の不連続性に気づかなかったし、日常生活を送るうえではそれで何の支障もなかったのです。

光の二重性を示すきっかけを作ったアインシュタイン

一方で、プランクは、「光は粒子である」とまでは言いませんでした。光のエネルギーがかたまりになるように見えるのは、熱した物体から放射される特別な場合にのみ起こる現象だと考えていたからでした。これに対し、プランクの考えをさらに押し進め、1905年、**「振動数がνである光は、hνのエネルギーをもった粒子の集まりである」と提唱したのが、当時、26歳の特許局の職員だったアインシュタインだったのです。**アインシュタインは、光を粒子とみなさなければならない現象は、熱した物体からの放射だけでなく、他の場合にも起こることを示し、この光の粒子のことを「光量子」と名付けました。これが、第2章で紹介した「光量子仮説」です。

とはいえ、ヤングのダブルスリットの実験などが示した光の干渉現象も、否定することはできません。こうして、「光は、粒でもあり波でもある」という不思議な二重性をもっていることが、徐々に明らかになっていったのです。プランクが示した「とびとびの値しか取ることができない」という量子の概念に加え、**「物質は、波と粒子の二重性をもつ」という概念もまた、従来の物理学が完成形ではないことを示す**ものとなりました。

原子と電子の発見

ミクロの世界を扱う量子論は、当然のことながら、原子や電子との関係が深いと言えます。そのため、量子論の話に入る前に、原子や電子に関する歴史を簡単に振り返っておくことにしましょう。

私たちは、物質が原子でできていることを知っています。原子のことを英語で

「atom（アトム）」と言います。これは、古代ギリシャの哲学者デモクリトスが、自然を構成する分割不可能な最小単位の存在を想定し、それを「atomos（分割できないもの）」と呼んだことに由来します。

その後、自然科学において、原子の存在が提唱されるようになったのは、19世紀初めのことです。イギリスの化学者で物理学者ジョン・ドルトンが最初と言われています。ドルトンと言えば、高校の化学の授業で習う「ドルトンの法則」を思い浮かべるひともいるかもしれません。彼は、化学者として、近代化学の基礎となる原子説を提唱しました。

ドルトンの原子説は次の通りです。「すべての元素は、一定の質量と大きさをもつ原子からなる。原子は、それ以上分割できない粒子であり、他の原子には変化しない。原子は新たに生成したり、消滅したりしない。化合物は、異なる種類の原子が簡単な整数比で結合してできている」。当時、原子を直接観測できる装置はなかったため、原子の存在を確認することはできませんでした。しかし、ドルトンの原子説は、物質の化学反応の結果や化学法則をうまく説明できたことから、広く受け入れられていきました。

そうした中、1897年に電子が発見されました。電子を発見したのは、イギリスの物理学者J・J・トムソンです。彼は、「陰極線（真空中で観測される電子の流れ）」と呼ばれるものの特性を調べる実験を通して、原子の中に電子という粒子が含まれていることを明らかにしました。その結果、原子は、それ以上分割できない粒子ではないことが判明したのです。

また、トムソンは実験を通して、電子の質量が最も軽い原子である水素原子の1000分の1程度しかないことを予想しました。一方、陰極線の研究とは別に、オランダの物理学者ピーター・ゼーマンらが実験を通して、電子はマイナスの電荷をもつ、原子よりも小さな粒子であるという考えに至っていました。

その後、アメリカの物理学者ロバート・ミリカンが、電子の質量を測定し、水素原子の約2000分の1であることを突き止めました。なお、ミリカンは、第2章でも紹介した「光電効果」の研究などにより、1923年にノーベル物理学賞を受賞しています。

徐々に明らかになっていった原子核の内部構造

このようにして、「それ以上分割できない粒子である」と考えられていた原子の中に、電子が含まれていることがわかると、次に知りたいことは、「原子の中は一体どのような構造になっているのか？」ということではないでしょうか。

科学者の間で、原子の内部構造への関心が高まる中、１９１１年、イギリスの物理学者で化学者のアーネスト・ラザフォードが、「ラザフォードの原子模型」を提唱しました。彼は、α線（ヘリウムの原子核）に関する実験を行う中で、原子核を発見したのです。その実験結果に基づき発表したのが、ラザフォードの原子模型です。

この原子模型は、プラスあるいはマイナスの電荷をもつ原子核が原子の中心部にあり、その周りを電子が回っているというものでした。原子核は原子の大きさに比べて非常に小さいものの、原子の質量の大部分を占めているとしました。また、原子核にプラスあるいはマイナスの電荷が集中していると考えました。

その後、さまざまな実験結果から、１９２０年、ラザフォードは、原子核を構成す

ラザフォードの原子模型

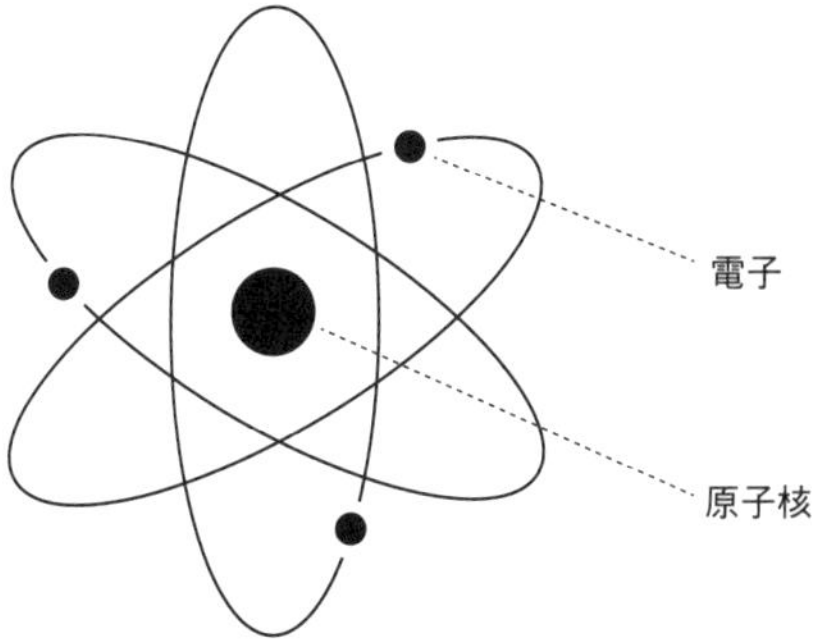

る粒子には、プラスの電荷をもつ陽子と電気的に中性な中性子が存在していると予想しました。

さらに、その12年後の1932年、イギリスの物理学者ジェームズ・チャドウィックが、ラザフォードの予想通り、実験を通して中性子を発見しました。これを受け、原子核の中には、陽子と中性子だけが含まれており、電子は存在しないという説が提唱され、支持されるようになったのです。

古典物理学では説明不可能な「ラザフォードの原子模型」

一方で、1911年に、ラザフォードの原子模型が提唱された当初、実はこの原子模型には大きな欠陥があることがわかっていました。当時の物理学であるニュートン力学やマクスウェル方程式からは、電荷をもつ粒子が回転運動（加速度運動）をすると、その粒子は必ず、光（電磁波）を放出してエネルギーを失うとされていたのです。

そのため、原子核の周りを電子が回っているとすると、電子はエネルギーを放出しながら原子核にどんどん近づいていき、最終的には、原子核とくっついてしまうことが予想されました。計算結果からは、10^{-11}秒、つまり、わずか1000億分の1秒でくっつくことが導き出されてしまったのです。これは、原子の構造を安定的に保つことはできないことを意味していました。**ニュートン力学やマクスウェル方程式では、ラザフォードの原子模型を説明できなかった**のです。

突破口を開いた「ボーアの原子模型」

しかし、この欠陥を突破する糸口を示す若者が現れました。デンマーク出身の物理学者ニールス・ボーアです。ボーアは、コペンハーゲン大学で物理学を学んだのち、ラザフォードの原子模型が発表された1911年に、イギリスのケンブリッジ大学に留学し、J・J・トムソンやラザフォードの指導を受けていました。当時、ラザフォードの研究室では、ラザフォードの原子模型の欠点について、活発な議論が行われていたのです。

ボーアは1912年末、留学を終えてデンマークに帰国しました。しかし、帰国直後、友人との会話の中で、友人から「バルマー系列」に関する情報を得たと言います。バルマー系列とは、水素原子から出る可視光の線スペクトルの波長が、ある簡単な式で表せるというものです。1884年に、スイスの物理学者で数学者のJ・バルマーが実験により発見しました。これは、一見不規則に見える線スペクトルに、実は規則性があることを示すというものでした。さっそくバルマー系列について調べたボーアは、すぐさま、ラザフォードの原子模型の欠点を解消する方法を思い付いたと言います。

そして、**バルマー系列をヒントに、ボーアが考えたのが、「ボーアの原子模型」でした**。

ボーアは、最もシンプルな構造をもつ原子である水素原子を土台に、次のような原子構造を考えました。水素原子は、プラスの電荷をもつ1個の陽子だけからなる原子核の周りを、マイナスの電荷をもつ1個の電子が回るという構造をしています。電子は、水素原子の内部に複数の円軌道をもっており、その軌道の半径は、とびとびの値に限られます。それ以外の半径の軌道を取ることはできないのです。そして、電子が決められた半径の軌道を回っているとき、電子は一定のエネルギー状態を保っており、光（電磁波）を放出することはありません。ボーアは、このような電子の状態を「定常状態」と名付けました。

また、**電子のエネルギーは、外側の軌道を回っているときのほうが高く、内側の軌道を回っているときのほうが低い**としました。そして、電子がある軌道から別の軌道に飛び移る（「遷移する」という）とき、電子は、エネルギーの差分を光（電磁波）として放出または吸収するとしたのです。もとのエネルギーのほうが高ければ、差分のエネルギーを放出し、もとのエネルギーのほうが低ければ、差分のエネルギーを吸収するというのです。

ボーアの「量子条件」とは

また、ボーアは、原子内の電子の軌道半径について、「量子条件」と呼ばれるものを設定しました。それは、「軌道1周の長さ（軌道半径×2×円周率）に、電子の運動量（電子の質量×速度）を掛けたものは、プランク定数hの整数倍に限られる」というものです。つまり、電子の軌道半径は、プランク定数hを含む最小単位（量子）の整数倍に比例した値に限られるということです。

電子が円運動をしているときには、電子に働く遠心力と電子が原子核から受ける電気的な引力がちょうど釣り合うという式が成り立ちます。その式に、量子条件の式を当てはめると、電子の軌道半径や、定常状態の電子のエネルギーの値を計算することができます。

ボーアはこの量子条件を設定することで、電子のエネルギーには最低ラインがあり、それ以下の値は決して取ることができないこととしたのです。それにより、ラザフォードの原子模型の欠点であった電子が原子核に吸い込まれ、くっついてしまうという欠点を回避したのです。

量子力学の基礎となった「物質波（ド・ブロイ波）」

しかし、「これにて、一件落着」というわけにはいきませんでした。なぜなら、ボーアが提唱した理論には、根拠がなかったからです。しかも、ボーアの原子模型は、水素原子にしか当てはまらなかったのです。とはいえ、まったくでたらめな理論とは思えませんでした。そのため、ボーアの教え子などによる根拠を見つけるための模索が始まりました。

そして、約10年後の1924年、遂に、根拠となりそうな理論が発表されました。フランスの理論物理学者ド・ブロイが、「電子を波として考える」という画期的なアイデアを提唱したのです。ド・ブロイは、フランスの名門貴族の家系に生まれた公爵で、当初外交官になるため、歴史を学んでいたのですが、パリ大学在学中に物理学と数学にとりつかれ、理系に転身した人物です。

ここで、「電子を波として考える」と聞いて、アインシュタインの「光量子仮説」を思い出した人も多いことでしょう。これは、「それまで波だと考えられていた光を粒（光子）と考える」という説です。それに対し、**ド・ブロイは、アインシュタインの光量子仮説を出発点に、「それまで粒子だと考えられていた電子を波と考える」というアイデアを思い付いた**のです。そして、光量子仮説の中でアインシュタインが示した「光量子の運動量と波長の関係式」を、電子にそのまま適用したのです。また、電子だけでなくすべての物質は、この関係式で求められる波長をもつ波であると考え、この波を「物質波」と名付けました。この物質波は、当時は孤立したアイデアでしたが、その後、あとで述べる「シュレーディンガー方程式」として結実し、量子力学の基礎となりました。物質波は、「ド・ブロイ波」とも呼ばれます。

ボーアの量子条件の謎を解く鍵とは

ド・ブロイが考えた物質波（ド・ブロイ波）とは、どのようなものなのでしょうか。波はある1点に存在するものではなく、広がりをもって存在しています。したがって、電子を波と考えたとき、電子の波は、原子核の周りに広がって存在していると考えられます。しかし、このとき、1周してきた波の山の部分が、最初の山とぴったりと合わないと、波の干渉によって波の振幅が小さくなり、何周かするうちに波はなくなってしまうことになります。したがって、原子核の周りを回る電子の波がなくなることなく存在し続けるには、1周してきた波の山が最初の山と完全に一致することが条件となります。つまり、「電子の波の1周の長さは、必ず波の波長を整数倍したものになっている」ということです。

たとえば、電子軌道の円周の長さが4、波長が1だと仮定すると、波としての電子は4周期でぴったり出発点に戻ってくることができます。しかし、波長が3だとぴったり出発点に戻ってくることはできませんよね。

ド・ブロイは、ボーアの量子条件の謎を解く鍵はここにあると考えました。つまり、電子の軌道半径に、量子条件という制約がつくのは、電子が波であるからだと考えられるというわけです。このようにして、ド・ブロイは、電子を波であるという考えを出発点に、その波長を定義することで、電子の軌道半径に、ボーアの量子条件がつく根拠を示したのです。

一方で、ド・ブロイは、電子の正体は波だが、見せかけ上は粒子としての性質を示すのではないかと考えました。そのため、原子内の電子の姿とは一体どのようなものなのかを知ろうと理論の構築を試みたのですが、果たすことはできませんでした。しかし、ド・ブロイが示したアイデアを機に、その後、電子に関する研究が進んでいきました。

電子が波であることを実証

そうした中、1927年には、電子が波としても振る舞うことが、ある実験によって図らずも証明されることになります。

アメリカの物理学者のクリントン・デヴィッソンとレスター・ガーマーは、あるとき、ニッケル金属の結晶構造を調べようと、ニッケル金属の表面に電子ビームを斜めに照射し、その反射する様子を観測していました。すると、表面の結晶によって散乱した電子ビームが回折パターンを示すことを発見したのです。これは、電子ビームが干渉していることを表すものであり、電子ビームが波であることの証拠でした。

同じく1927年、イギリスの物理学者ジョージ・パジェット・トムソンも、金属の薄膜結晶に電子ビームを照射することで、電子の回折・干渉現象を示すことに成功しました。デヴィッソンとトムソンは1937年、この功績が評価され、ノーベル物理学賞を受賞しています。実はトムソンは、電子を発見したJ・J・トムソンの息子です。父は電子の発見により1906年にノーベル物理学賞を受賞しているので、親子そろって、しかも、同じ電子に関する発見でノーベル物理学賞を受賞したというわけです。

「シュレーディンガー方程式」とは

ここで少し時をさかのぼり、ド・ブロイが物質波のアイデアを提案した時点に戻ってみましょう。アインシュタインは、ド・ブロイのアイデアを高く評価し、自分の論文に引用しました。そして、その論文を通して、物質波の概念を知り、強い興味を抱いた人物がいました。それが、オーストリアの物理学者エルヴィンシュレーディンガーです。

1926年、シュレーディンガーは、物質波の伝わり方を計算する方程式を発表しました。これが、有名な「シュレーディンガー方程式」です。この方程式からは、物質がどのような形の波をもち、その波が時間の経過とともにどのように伝わっていくのかを計算することができます。

シュレーディンガーはこの方程式を用いて、水素原子中の電子のエネルギーがボーアの量子条件の通り、とびとびになっていることを確認しました。**シュレーディンガーの理論は、「波動力学」と呼ばれ、ミクロの世界の運動法則を記述する量子力学の基本的な理論となりました。**

一方、古典物理学には、「波動方程式」があります。これは、水面の波紋や音波、電磁波などさまざまな波を対象としており、それらの波が周囲に伝わっていく様子を記述するための基本となる方程式です。シュレーディンガー方程式は波動方程式に似ていますが、もう少し複雑です。

シュレーディンガー方程式には、「波動関数」と呼ばれる関数が含まれています。波動関数はψ（プサイ）という記号で表されます。

また、シュレーディンガー方程式には、虚数単位 i が含まれている点も、注目すべき大きな特徴です。私たちが通常考えている、数直線で表される数は、プラスであろうとマイナスであろうと2乗すると必ずプラスになります。これに対し、虚数単位という2乗するとマイナス1になる数を導入することにより、2乗するとマイナスになる一連の数（虚数単位の実数倍）を考えることができます。これを虚数といいます。虚数単位を表す記号iは、英語の「imaginary number」の頭文字を取ったもので、その名の通り、数学の中で作り上げられた「架空の数」、「想像上の数」だと思われてきました。しかし、実数と虚数を組み合わせた数を「複素数」と言いますが、シュレーディンガー方程式には、このような数が含まれているのです。つまり、波動関数ψは、複素数の値をとる関数であり、物質波は、「複素数の波」ということになります。音波や電磁波を表す波動方程式は、実数だけでできているので、音波や電磁波は、「実数の波」と言えます。このことから、物質波は、音波や電磁波とはまったく異なる性質の波であることがわかるでしょう。それにしても、複素数で表される波とは、一体どのような波なのでしょうか。

「波動関数の確率解釈」とは

波動関数ψからは、電子の波は1点に集まっているのではなく、さまざまな場所に広がって存在しており、それぞれの場所における波動関数の大きさ（波の振幅に相当するもの）もさまざまであることがわかります。しかし、これは、「電子が小さなかたまりではなく、雲や霧のように原子核の周りにぼんやり広がっている」という意味ではないので注意が必要です。私たちは、これまで、一度たりとも雲や霧のように薄く広がって存在している電子を観測したことはないのです。不思議なことに、観測すると電子は必ず、1点に集まった粒子となっているのです。

そのため、電子の波の正体をめぐっては、多くの議論が繰り返され、さまざまな仮説が提唱されました。このような中、1926年に、「波動関数の確率解釈」という大胆なアイデアを示す人物が現れました。ドイツの理論物理学者マックス・ボルンです。

波動関数の確率解釈とは、「電子の波は、神様が振るサイコロだ」というものです。

ボルンは1954年、波動関数の確率解釈の提唱により、ノーベル物理学賞を受賞しています。ユダヤ系の家庭に生まれたボルンは、同胞のアインシュタインとも親交が厚かったことで知られています。後で紹介しますが、アインシュタインの有名な言葉である「神は、サイコロ遊びはしない」という言葉は、ボルンに宛てた手紙の中で書かれたものだったのです。

ボルンが提唱した波動関数の確率解釈について、理解を深めるため、ここで、思考実験をしてみましょう。

箱の中に電子を1個だけ閉じ込めて箱を閉じます。箱の中で、波である電子は広がりをもって存在していることになります。実際、シュレーディンガー方程式を使って計算すると、電子の波は時間の経過とともに、箱の中にほぼ均一に広がっていくことがわかります。

ここで、箱の中に仕切り板を入れて、箱の内部を左右2つの空間に分けることにします。すると、電子の波はどうなるでしょうか。直感的には、2つの波に分かれると思いがちです。しかし、よく考えてみましょう。2つの波に分かれるということは、それぞれの空間の中に入っているのは、「半分の電子」ということにはならないでしょうか。しかし、電子はこれ以上分割できない粒子です。この質問に対するボルンの答えは、「電子は必ず2つの空間のうちの左右どちらかの空間で発見される」というものでした。

では、ここで、2つに分かれているものとは、一体何なのでしょうか。ボルンは、

観測したときだけ電子の波が収縮する

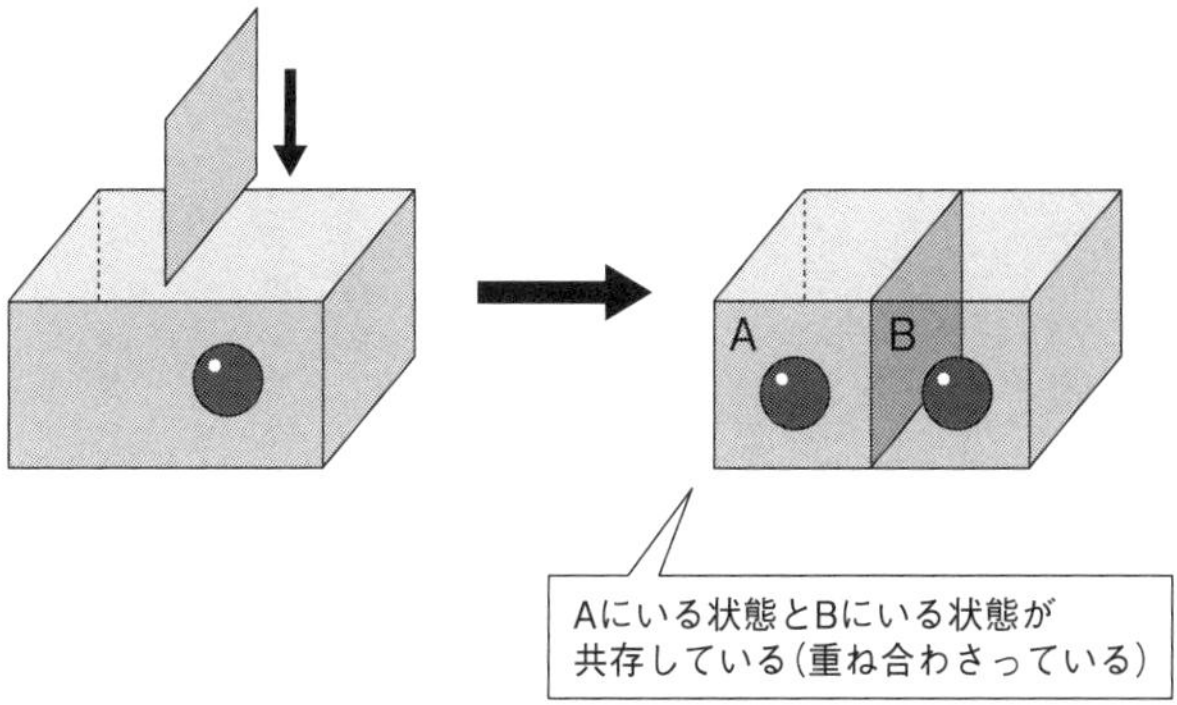
A
B
Aにいる状態とBにいる状態が
共存している(重ね合わさっている)

電子が左右どちらの空間で発見されるかを表す「確率」だと説明したのです。つまり、電子が左の空間で発見される確率は2分の1、右の空間で発見される確率も2分の1というわけです。

ボルンは、電子がどの位置に発見されるかを示す確率が、波動関数と深い関係をもっていることを発見しました。そして、「波動関数ψの絶対値を2乗したものは、電子がその場所で発見される確率に比例する」という説を唱えたのです。波動関数ψの絶対値が大きい場所ほど、そこで電子を見つけられる確率が高いというのです。これが波動関数の確率解釈です。

ハイゼンベルクの「不確定性原理」とは

シュレーディンガー方程式と確率解釈により、量子力学は一応の完成をみたことになります。すなわち、最初の電子の状態がわかっていれば、その波動関数が時間的にどのように変化していくかはシュレーディンガー方程式を使って解くことができ、その結果得られた波動関数は、電子を観測した時にどこに見つかるかを、確率的に予言することができます。また、水素原子のように時間的に変化しないものの場合には、シュレーディンガー方程式に時間的に変化がないという条件を課すことにより、電子のとり得るとびとびの軌道半径などを導くこともできました。

しかし、**シュレーディンガーとはまったく別のルートで、量子力学の完成に向かっていた人物もいました**。それが、ドイツの理論物理学者ヴェルナー・ハイゼンベルクです。

1925年、24歳の若き青年ハイゼンベルクは、シュレーディンガー方程式よりも少し前に、別の形式で、量子力学の構築に成功していました。それは、数学の一分野である「行列」を使ったものでした。そのため、**シュレーディンガー方程式は、「波動力学」、ハイゼンベルクの理論は、「行列力学」と呼ばれています。**この二つの理論は、まったく異なる形をしているのですが、実は、波動力学と行列力学は数学の手法が異なるだけで、まったく同じ内容をもつ理論であることが、その後、示されることになります。

このような中、1927年、ハイゼンベルクは「不確定性原理」と呼ばれる原理を提唱します。これは、ミクロの世界においてはどうしても避けることができない根本的な不確かさを表す原理であり、「ある物質に関する『位置』と『運動量』を観測するとき、両者を同時に1つの値に確定することはできず、避けられない不確かさが残る」というものです。簡単に言えば、**「ミクロの世界では、物質の位置と運動量を同時に確定することができない」ということ**です。

不確定性原理は、波動力学や行列力学から導き出される結論の1つです。ハイゼンベルクは、式を用いて不確定性原理を表しました。その式からは、「位置の不確かさの幅と、運動量（=質量×速度）の不確かさの幅の積（かけ算）は、プランク定数h以上になる」ことがわかります。マクロの世界では、位置と速度を測定する場合、プランク定数h程度の誤差は十分無視することができますが、ミクロの世界では無視することはできないのです。

たとえば、原子中の電子が、ある時刻において、どこにいて、どのような速度で動いているかを正確に求めることはできません。電子の位置を決めようとすると、速度（運動量のうち、電子の質量はわかっているので）が決まらなくなり、速度を決めようとすると、位置が決まらなくなるのです。

このようなことが起こるのは、ミクロの世界を観測する際には、観測するという行為そのものが必ず対象物に影響を与えてしまうからです。つまり、電子の位置を測定しようと電子に何か、たとえば光をあてたとすると、その反跳により電子の速度はわからなくなってしまいます。逆に、速度を正確に測ろうとすれば、位置の情報が失われます。古典力学に慣れ親しんだ人の中には、あらかじめ観測による影響を厳密に計算しておき、観測結果からその影響分を差し引くことで、観測前の位置と速度の状態を完全にとらえることができるのではないかと考える人もいるかもしれません。ところが、ミクロの世界では、いかなる方法をとっても、絶対に避けることができない「観測結果の不確かさ」が存在するのです。それを明らかにしたのが、ハイゼンベルクの不確定性原理というわけです。

観測という行為が無視できないミクロの世界

この「ミクロの世界を観測する際には、観測するという行為そのものが必ず対象物に影響を与えてしまう」ということの、最も劇的な例として、後にアメリカの物理学者リチャード・ファインマンが行った思考実験を紹介しましょう。

先に、光が波であることの証明として、1805年頃にヤングが、「ダブルスリットの実験」を行ったことを紹介しました。一方、電子に関しても、同様の実験が多くの科学者によって進められてきました。このような中、ファインマンが、次のような思考実験を行いました。

まず、電子ビームを発射する電子銃を用意します。スクリーンには蛍光物質が塗ってあり、電子が当たるとその場所が光るようになっています。ここで、電子銃とスクリーンとの間に、平行な2本のスリットを開けた仕切り板を置き、電子ビームを発射します。発射していくにしたがって干渉縞が現れてきます。これにより、電子の波としての性質（波動性）が証明されます。

とはいえ、この実験に対して、「これでは1個1個の電子が波としての性質をもつことを示したことにはならない。それぞれの電子は波としての性質を持たないが、ある数以上の集団になったことで波動性を示しただけではないか」という反論が起こるかもしれません。そこで、今度は、単独の電子の振る舞いがわかるように、電子銃からは1個ずつしか電子を発射できないものとします。実際、1個の電子を発射した時には、スクリーン上では一点が光るだけなので、1個の電子は粒子として振る舞っていることがわかります。

ここで、1個の電子がスクリーンに届いた後に、次の1個の電子を発射するものしましょう。このようにして実験を続けていった場合、その結果はどうなるでしょうか。実は、1個1個の電子によって光る点の位置は、その都度異なった場所になることがわかります。そして、**それら光った点をすべて集めてくると、最初の実験と同じ干渉縞が得られる**ことがわかっています。

しかし、干渉という現象は、2つの波が重なったときに現れるものであり、この実験では電子は1個ずつしか飛ばしていません。それにもかかわらず、干渉縞が現れるのはなぜなのでしょうか。それは、1個の電子の「ダブルスリットの左側のスリットを通過した状態」と「右側のスリットを通過した状態」が干渉したからだというわけです。左側のスリットを通過した状態と右側のスリットを通過した状態は、重ね合わせの状態になっており、電子は自分自身と干渉したというのです。これにより、電子の波動性は電子1個の性質であるということがわかるのです。

しかし、1個の電子が左右両方のスリットを通過するというのは、果たして本当でしょうか。それならば、電子が左右両方のスリットを通過したかどうかを、観測によって確認してみればよいのではないでしょうか。

そこで、電子がどのスリットを通過したのかを観測するため、仕切り板の裏のスリットの近くに観測器を設置することにしましょう。この観測器は、電子が通ると電子と光（光子）が衝突して光が散乱し、それによって電子の位置を知ることができる仕組みです。この実験からは、果たしてどのような観測結果が得られるでしょうか。

ファインマンは、この思考実験に対し、「**この実験からは、電子はどちらか一方のスリットしか通らないことがわかるだろう。だから、スクリーンには干渉縞は現れないはずだ**」と指摘しました。理由は、観測器から出る光子との衝突によって、電子自体の状態が乱されるからだというのです。つまり、電子がどのスリットを通るかを見ようとして電子に光子を当てることによって、電子はどこか1点に存在することになります。そのため、電子の重ね合わせ状態はなくなり、電子の波は収縮してしまうと考えられるのです。スクリーンに干渉縞ができないのもそのためです。したがって、「1個の電子は、本当に左右両方のスリットを通過したのか」は「観測によって直接確認することはできない」のです。逆に、観測によって確認できるような場合には、干渉縞は消えてしまうのです。

ファインマンの思考実験は、**ミクロの世界においては、観測という行為が、観測する対象物に少なからぬ影響を与えてしまう**ことを示しています。私たちは、対象物を観測するとき、対象物に何かを当てて反射してきたものを見ています。見るためには、対象物に何らかの操作をしなければならないのです。マクロの世界では、それによって、対象物が大きな影響を受けることはありません。しかし、ミクロの世界では、当てたもののエネルギーによって対象物が大きな影響を受け、状態を変化させてしまうのです。そのため、見る前の状態を保ったまま観測することはできないのです。

現在では、この二重スリットの実験は実際に行うことができ、ファインマンの予想通りの結果が得られています。また、電子がどちらのスリットを通ったかを、波長の長い光で確認することにすると、光による電子の像はぼやけてしまい、電子がどちらのスリットを通ったかは確率的にしかわからないという状況がつくれます。この場合、干渉縞は、電子がどちらを通ったかがどれだけの精度でわかるかに応じて、徐々に消えていくことになります。この干渉縞の消え方も、量子力学の計算と完全に一致しています。

ちなみに、電子がどちらのスリットを通ったかを観測すると言ったときに、それを実際に人間が確認する必要はありません。光を当てるなどして、**電子がどちらを通ったかが原理的にわかるようになっている場合には、その結果を人間が確認しなくても干渉縞は消えることになります。**

「コペンハーゲン解釈」とは

これまで見てきたように、電子の波動関数が波のように広がっているときには、電子の位置はボルンの確率解釈により、確率的にしかわかりません。これは、「電子が、場所Aと場所Bの両方に同時にいる」ということもできますし、また「電子がある場所Aにいる状態と別の場所Bにいる状態が共存している（重ね合わさっている）」ということもできます。

さて、このように広がった波動関数をもつ電子を観測したとしましょう。すると、電子はボルンの確率解釈に従った確率で、どこかに観測されます。では、その観測の後、すぐに続けて同じ電子を観測したら、電子はどこで見つかるでしょうか。元々の波動関数に従って、確率的にいろいろな場所に見つかるのでしょうか。実は、そうはなりません。最初の観測に続けてすぐに行った観測では、**電子は必ず最初の観測で見つかった場所のすぐそばで見つかる**のです。

1921年に母国デンマークの首都コペンハーゲンに、理論物理学研究所（ニールス・ボーア研究所）を構えたボーアのもとで量子論を研究していた若い物理学者たちは、この現象を理解するために、「我々が見ていないときだけ、電子は波のように広がっているが、我々が電子を観測すると、電子の波は収縮する」と提唱しました。

彼らのこの考えを簡単にまとめれば、次のようになります。「我々が電子を観測するとき、電子は必ずどこか1点で観測され、以後続けて行われる実験では、電子は常にその位置の近くに見つかるのは観測的事実である。一方で、原子中の電子のエネルギーなどを見事に説明できるシュレーディンガー方程式によれば、電子の波（波動関数ψ）は、一般には広がっていることも動かせない事実のようだ。であるならば、電子を観測することによって電子の波が収縮すると考えればよい。そうすることにより、この2つの事実を両立させることができる」と考えたのです。

「確率解釈」と「波の収縮」を2本柱として電子を解釈するというこの考え方は、「コペンハーゲン解釈」と呼ばれています。

20世紀、まさに物理学は大変革の時代へ

しかし、シュレーディンガーは、コペンハーゲン解釈に対して、非常に懐疑的な立場を取りました。1926年、ボーアは、そんなシュレーディンガーをコペンハーゲンに招き、議論を重ねた末、疲弊して倒れたシュレーディンガーの病床をさらに訪れ、議論を続けたことは有名な話です。

波動関数の確率解釈に異議を唱えたのは、シュレーディンガーだけではありません。

プランク、アインシュタイン、ド・ブロイなどもこぞって反対しました。反対した最大の理由は、確率などという概念を物理学の世界に持ち込むと、17世紀から積み重ねられてきた物理学の根幹を揺るがすと考えたからです。ガリレオの登場以来、自然現象を記述する物理学は、「過去のある時点での条件がすべてわかれば、その未来はただ1つに決定できる」ということを軸として発展してきました。すなわち、「決定論」が、物理学の根幹をなす大前提だったわけです。ここで、決定論の対局にあると思われる**「確率論」を許してしまうと、物理学という学問そのものが根底から崩れる恐れがある**と考えたのです。そのため、アインシュタインは、「神は、サイコロ遊びはしない」という有名な言葉でボルンやボーアを批判したのです。

実際、コペンハーゲン解釈は納得しづらいものです。「電子は、確率によって位置が決まる波だ」などと説明されても、普通は、「なんやねん」と思うのが、正しい反応ではないでしょうか。とはいえ、少なくとも言えることは、ミクロの世界の物質は、マクロの世界の物質とはまったく異なる物理法則によって、成り立っているように見えるということです。そのため、新たな物理学の息吹を求め、ボーアのもとには、その後も、世界中から有望な若き物理学者が集まっていくことになりました。

現在でも、コペンハーゲン解釈は、量子力学を最初に学ぶときの教わり方の主流となっています。実際、さまざまな観測を説明するうえでは、これで何も問題はありません。しかし、私を含む理論物理学者の多くは、コペンハーゲン解釈は、私たちの観測を説明する上での近似的なルールにすぎないと考えています。その理由の一つは、観測とは何かを、曖昧さのないよう厳密に定義することができないからです。

波動関数が観測により収縮するというけれど、観測とは何なのでしょう。人間が実験をしたときが観測なのか、犬が見たら観測なのか、ハエならどうなのか。細菌が対象と相互作用したら観測なのか。ボーアが活躍した20世紀初頭には、ミクロの世界とマクロの世界を分けて考えることに、実際的な問題はありませんでした。しかし、現在では、原子や電子のみならず、もっと大きな分子等の観測や計算もでき、そこでも対象はシュレーディンガー方程式に従っていることが確認されています。波動関数の収縮のような、シュレーディンガー方程式によらない現象が起こっている様子はありません。

このように、ミクロとマクロをはっきり分けて扱う考え方には、原理的な問題があります。これを明確な形で示したのが、有名な「シュレーディンガーの猫」という思考実験です。

「シュレーディンガーの猫」が訴えたものとは

1933年、シュレーディンガーは、波動力学の創設による量子論への貢献により、ノーベル物理学賞を受賞しましたが、それでもなお、コペンハーゲン解釈には納得することができませんでした。そんなシュレーディンガーが、1935年、ドイツの科学雑誌に発表したのが、「シュレーディンガーの猫」で有名な「量子力学の現状について」という論文です。

この論文の中で、彼は猫を使った思考実験を使い、コペンハーゲン解釈が抱える問題を指摘しています。その内容を紹介しましょう。

中の見えない鉄製の箱の中に、放射性物質、放射線の検出装置、検出装置に連動した毒ガスの発生装置が置かれています。放射性物質は原子核崩壊を起こすと放射線を放出します。放射線を検出した検出装置は、その信号を毒ガス発生装置に送り、毒ガスを発生させる仕組みになっています。この箱の中に、生きた猫を入れるとしましょう。もし放射性物質が原子核崩壊を起こせば、毒ガスが発生して猫は死んでしまうことでしょう。しかし、原子核崩壊を起こさなければ、毒ガスは発生しないので猫は生きたままです。ここで、箱の中に猫を入れてふたを閉じるとします。中の様子は外からは見えず、猫は音や振動を立てないものとします。こうして1時間放置したとき、果たして猫はどうなっているでしょうか。

猫の生死は、箱のふたを開ければすぐにわかりますよね。ここで、議論すべき点は、**「ふたを開ける前の猫の状態をどう考えるか」**ということです。

放射性物質が原子核崩壊を起こすかどうかは、ミクロの世界の現象です。ここで、放射性物質が原子核崩壊を起こす確率を50％とすると、観測前の放射性物質の状態は「原子核崩壊が起きた状態」と「原子核崩壊が起きていない状態」が半分ずつの重ね合わせの状態になっていると考えることができます。一方、猫の生死は、原子核崩壊と完全に連動しています。したがって、猫も重ね合わせの状態になっていないといけません。つまり、**猫は箱の中で、「原子核崩壊が起きて、死んだ状態」と「原子核崩壊が起きておらず、生きている状態」が半分ずつの重ね合わせの状態になっている**と考えられるというわけです。つまり、シュレーディンガーが言いたかったことは、量子論が正しいとすれば、「生きていながら死んでもいる猫」というわけのわからない状態を肯定しなければならなくなってしまうということです。

加えて、コペンハーゲン解釈に従えば、箱のふたを開けたと同時に、原子核崩壊の有無が決まり、猫の生死も決まることになります。しかし、原子核崩壊の有無はさておき、箱のふたを開ける前から、すでに猫の生死は決まっていると考える方が自然ではないでしょうか。観測した瞬間に猫の生死が決まるというのは、おかしな話です。

コペンハーゲン解釈は、ミクロの世界とマクロの世界では、物理法則が異なるので、分けて考えるべきだと主張しました。それに対し、シュレーディンガーは、原子核崩壊というミクロな現象が、猫というマクロな物体に直接影響を与える場合もあり、**ミクロな現象とマクロな状態が連動している以上、両者を分けて考えるというのは、道理が通らない**と反論したのです。

量子力学的な並行世界

そんな中、1957年、新たな概念が提唱されました。「多世界解釈」という考え方で、これは、アメリカの物理学者で当時プリンストン大学の大学院生だったヒュー・エベレット3世が博士論文として書いた「パラレルワールド論」が原点となっています。彼は、**量子論が自然の基本原理であるとするならば、その原理はミクロの世界だけでなく、宇宙全体に適用されるはずだ**と考えました。

このように考えれば、シュレーディンガーの猫の話は、以下のように解釈できます。宇宙全体の状態は、「原子核崩壊が起きた状態」と「原子核崩壊が起きていない状態」の重ね合わせになっていますが、これは、猫も箱の中で「原子核崩壊が起きて、死んだ状態」と「原子核崩壊が起きておらず、生きている状態」の重ね合わせになっていることを意味します。さて、この状態で、観測者が箱のふたを開けたらどうなるでしょうか。観測者も電子などの素粒子でできており、宇宙の一部である以上、量子力学の法則に従うはずです。具体的には、宇宙全体の状態は、「観測者が、原子核崩壊が起きて、猫が死んだ状態を箱の中にみた世界」と「観測者が、原子核崩壊が起きておらず、猫が生きている状態を箱の中にみた世界」の重ね合わせになるはずです。その結果、この最初のほうの世界、枝とも呼ばれますが、の観測者は猫が死んだと認識し、後の方の世界の観測者は猫が生きていると認識することになります。

先にもお話ししたように、シュレーディンガー方程式からは、電子の波の収縮を説明することはできません。コペンハーゲン解釈による仮説は、波として運動する電子と、粒として発見される電子を結びつけるための苦肉の策だったわけです。しかし、多世界解釈によれば、宇宙全体の状態を考える限り、収縮などという謎の現象は起こっていません。ただ単にシュレーディンガー方程式に従って、連続的に、そして決定論的に、さまざまな枝（世界）に分かれていっているだけです。そして、私たちも宇宙の一部である以上、さまざまな状態に枝分かれしていくことになります。この次々と枝分かれを繰り返す世界のうちの1つが、私たちの住んでいる世界であるというわけです。波の収縮という現象は、枝（世界）の1つに住んでいる観測者の視点から宇宙をみたときには、実際上、他の枝（世界）を感知することができないということから生じた、近似的な記述だったというわけです。

このような話を聞くと、私たちはパラレルワールドを直接感知したことはないではないか、という反論をしたくなるかもしれません。しかし、量子力学によれば、私たちのようなマクロな物体が、他の枝（世界）と干渉する確率は極めて小さく、事実上ゼロです。なので、私たちの世界が他の世界と干渉しないという事実は、量子力学と矛盾しません。実際、電子のようなミクロなシステムでは、2つの世界（たとえば二重スリット実験で、電子が右のスリットを通った世界と、左のスリットを通った世界）が干渉することは、実験的にも示されています。そして、このような干渉実験は、テクノロジーが進むにつれ、より大きなシステムでも行えるようになってきています。ですから、私たちが並行世界を感知できないのは、日常生活で時間の遅れや空間の縮みなどの特殊相対性理論の効果を感知できないようなもので、ただ私たちの観測の精度が足らないからだと考えることができるのです。

多世界解釈は、波束の収縮のような人為的な概念をすべて排除し、波動関数の本質的な意味を考え直したときに出てきた考え方です。私を含む、自然界の最も基本的な法則を理解しようとする理論物理学者の間では、波束の収縮は、多世界を観測者からみた立場で近似的に書き直したものにすぎない、というのはほぼ一致した意見となっています。多世界解釈が量子力学の最終形かどうかは別として（たぶん違うでしょう）、コペンハーゲン解釈より一歩進んだ理解であるということは、確かなように思われます。

アインシュタインが提示した「EPRパラドックス」

量子論の出発点ともなった光量子仮説を唱えたアインシュタインも、シュレーディンガーとは違った理由で、コペンハーゲン解釈への強い疑念を生涯貫き通しました。とはいえ、アインシュタインは決して、量子論はでたらめだと言っているわけではありませんでした。量子論は完全な理論ではないため、確率といった考え方を導入せざるを得ないのだと主張したのです。自然界には、まだまだ私たちが知らない物理法則があり、その物理法則の中の「隠れた変数」が、電子の発見位置を決定しているのだとしたのです。

アインシュタインが、ボーアとの論争の中で示した問題の1つに、1935年に、ボリス・ポドルスキーとネイサン・ローゼンという2人の物理学者との連名で発表した「アインシュタイン＝ポドルスキー＝ローゼンのパラドックス（EPRパラドックス）」という論文があります。パラドックスとは、一見正しそうに見える前提と妥当そうに思える推論から、とても受け入れがたい結論が得られるというものです。EP

Rパラドックスは、量子論と相対性理論は両立しないのではないかということを問うものでした。

彼らの考えた思考実験は、どのようなものだったのでしょうか。いま、中が見えない1つの箱があり、この箱の中に1個の電子を閉じ込めるとします。この状態で、箱の真ん中に仕切り板を入れ、左右2つの箱に切り分けることができるとします。ここで問題です。このとき、電子は、左右どちらの箱の中に入っているでしょうか。

コペンハーゲン解釈に基づけば、箱を開けない限り、「電子は、左右それぞれの箱に重ね合わせの状態で入っている」が正解です。そして、箱を開けた瞬間、電子はどちらか一方の箱の中で見つかるはずです。

それに対し、アインシュタインたちは、いずれの箱も開けない状態で、右側の箱のみを1億光年先の宇宙に持っていき、地球に残った左側の箱を開けるとどうなるかを考えました。左側の箱を開けたと同時に、電子の波は収縮して1つの状態に確定するはずです。このとき、1億光年先にある右側の箱の中の電子の波も同時に収縮することになります。しかし、ここで疑問が湧きます。これは、地球に残った左側の箱を開けたという事実が、瞬間的に1億光年先の右側の箱に伝わり、右側の箱の中の電子の状態も確定させたことを意味しているように思われるからです。しかし、相対性理論では、光速（秒速約30万キロメートル）が最高速度であり、光速を超えて物体が移動したり情報が伝わったりすることはできないと言っています。アインシュタインたちは、この大原則と量子論との間には矛盾があると主張したのです。

しかし、アインシュタインたちのこの主張は、正しくありませんでした。たしかに、もし地球に残った箱の中に電子が存在すれば、1億光年先の箱の中には電子は存在しません。また、もし地球に残った箱の中に電子が存在しなければ、1億光年先の箱の中には必ず電子が存在します。このように、**2つの離れた物体がお互いに量子的に関連している状態を「量子もつれ」の状態と言います**。

しかし、ここで重要なのは、この量子もつれのみを使って、物理的に意味のある情報を送ることはできないという事実です。ここで考えた2つの箱の例でいえば、地球にいる観測者は、自分の持っている箱の中に電子があるかどうかをコントロールすることはできません。電子があるかないかは、フィフティーフィフティーです。ですから、1億光年先の観測者が電子を観測するかどうかもフィフティーフィフティーであり、これは地球の観測者が箱を開けたかどうかには関係ありません。つまり、地球にいる観測者が箱を開けたという事実は、1億光年先の観測者の観測結果の確率分布に何も影響を与えません。そして、相対性理論が矛盾しないためには、この事実で十分なのです。

量子もつれの存在を確認したアスペの実験

現在では、アインシュタインの隠れた変数というアイデアは、実験的に否定されています。これは、EPRパラドックスの発表から47年後の1982年、フランスの物理学者アラン・アスペとフランスの共同実験者が、「ベルの不等式」なるものを検証する実験を行うことによって示されました。具体的には、彼らは、ベルの不等式が成り立たないことを、実験的に証明してみせたのです。

この内容をもう少しだけ詳しく説明しましょう。ベルの不等式はアイルランドの物理学者ジョン・スチュワート・ベルが発表した不等式です。不等式の内容自体はここでは割愛しますが、ベルは、もしもアインシュタインが主張する「隠れた変数」が存在するとするならば、ベルの不等式が成り立つこと、一方で、もしも量子論の考えが正しく、遠く離れた2つの物体同士が量子もつれの状態にあることができるとするならば、ベルの不等式は成り立たないことを理論的に示しました。それに対し、アスペたちは、実験によりベルの不等式の成否を検証し、ベルの不等式が成り立たないことを実証したのです。

これにより、アインシュタインたちがパラドックスと考えた、奇妙な量子もつれ状態は、実際に存在することが証明されました。しかし、先にも述べたように、これは相対性理論の誤りを意味するものではありません。アインシュタインたちが量子論と相対性理論が矛盾すると考えたのは、アインシュタイン自身が相対性理論の使い方を誤っていたためであり、**実際の量子力学は相対性理論、少なくとも光速が自然界の最高速度だと主張する特殊相対性理論、と矛盾するものではなかった**のです。

ミクロの世界の現象がマクロの世界で現れる「超流動」

それにしても、私たちの身の周りにある物質には、波としての性質が見られないのは、一体なぜなのでしょうか。その理由は、物質の波の波長が細かすぎるため、波としての性質が明確に現れてこないからです。しかも、ド・ブロイが導き出した式からは、物質の質量が大きくなればなるほど物質波の波長は短くなり、波の広がりが小さくなることがわかります。つまり、**身の周りにある物質の波はほとんど広がっておらず、ほぼ1点に集中していると言える**のです。

通常、物質が波としての性質を示すようになるのは、100億分の1メートル（1000万分の1ミリメートル）以下の世界です。ナノメートルが10億分の1メートルなので、それよりもさらに1桁小さい世界の話ということになります。原子以上の大きさの世界では、波としての性質は、ほぼ現れなくなるのです。

ところが、マクロの世界でも、物質の波としての性質が現れることがあります。その1つが、「ボース・アインシュタイン凝縮」という現象です。インドの物理学者サティエンドウボースとアインシュタインが1924年に予言しました。

ミクロの粒子である素粒子は、「パウリの排他原理」という規則に従うか、従わないかによって、「フェルミ粒子」と「ボース粒子」の2種類に分けられます。フェルミ粒子は、電子や陽子、中性子といったパウリの排他原理に従う粒子、ボース粒子は、光子などパウリの排他原理に従わない粒子のことです。パウリの排他原理とは、19

27年にスイスの物理学者ヴォルフガング・パウリが発表した重要な原理で、「2つ以上のフェルミ粒子は、同一の量子状態を占めることはできない」というものです。たとえば、原子の状態は、その原子がもつ固有の電子軌道にそれぞれ何個の電子が入っているかによって決まりますが、同一の軌道の同一の状態には1つの電子しか入ることができません。

それに対し、ボース粒子は、パウリの排他原理に従わないので、複数の粒子が同じ量子的な状態になることができます。そのため、ボース粒子の集団を極低温にすると、無数のボース粒子が、最低エネルギーという1つの状態に皆、集まってきてしまい、粒子の波が無数に重なり合うのです。それにより、複数の原子がさも1個の原子のように振る舞うようになります。これが、ボース・アインシュタイン凝縮です。**元来はミクロの世界でしか観測できなかった量子的な現象が、マクロの世界でも見られるようになる**のです。

その有名な例が、1937年に発見された液体ヘリウムの「超流動」現象です。常温ではヘリウムは液体ですが、これを絶対零度（マイナス273・15℃）近くまで極低温に冷やすことで、ボース・アインシュタイン凝縮が起きるのです。その結果、液体ヘリウムの粘性がゼロになり、さらさらな状態になるので、コップの中に入れておいた液体ヘリウムが、不気味なことにコップの壁をよじ登ってきて、すべて外に流れ出てしまうのです。

早期実現が期待される「量子コンピュータ」

また、量子論を応用した将来のテクノロジーの一つとして、「量子コンピュータ」があります。従来のコンピュータのビット（古典ビット／classical bit と呼びます）は、0か1かしか取ることができないのに対し、量子論の世界では、0と1を重ね合わせることができることから、大量の情報を同時に処理できるとされています。これを古典ビットに対し、「量子ビット（quantum bit または qubit）」と呼びます。**量子コンピュータにおける計算の仕組みは、私たちの手計算や従来のコンピュータの計算方法とはまったく違うものです**。古典ビットだと1ビットは0か1、YES／NOの情報しかありません。一方、量子コンピュータだと、量子ビットは0が80％で1が20％でもいいし、0が10％で1が90％でもいい。0と1だけであっても、桁違いの情報量をもつわけです。

たとえば、私が28万6500円をもっていたとして、その情報を送ろうとしたら、古典ビットだと十何桁もビットが必要となりますが、量子ビットだと、その連続的な値をたった1個のビットに入れることができます。

量子コンピュータ自体はすでにできていて、Googleや理化学研究所などが持っています。現在は、100量子ビットくらいまでできています。これが、1000量子ビット、1万量子ビット、10万量子ビットといった具合に増えていけば、良くも悪くも世の中に大きなインパクトをもたらすでしょう。

1つ例を出すと、暗号技術が無効化されるのではと言われています。今の暗号技術は「素因数分解」を利用しています。実は大きな数字を素数に分解するのは非常に難しく、コンピュータを使ってもものすごく長い時間がかかります。逆に、使われている素数がわかっていれば、その数をかけ合わせるだけで、簡単に数字がつくれます。

つまり、「数字（暗号文）をつくるのは簡単、素因数分解する（解読する）のは難しい」といえます。これを利用したのが現在の暗号技術で、RSA暗号といいます。

しかし、量子コンピュータは素因数分解が非常に得意です。とても速く解くプログラムがつくれます。いずれ、**量子コンピュータは、現在世の中で使われているＲＳＡ暗号を一瞬で解読できるようになる**と言われています。そのため、現在、アメリカが安全保障の観点から、量子コンピュータの開発に巨額の資金を投入しています。量子コンピュータによる暗号破りを防ぐには、量子技術でプロテクトしなければならないからです。

現在の量子力学を取り巻く状況は、オッペンハイマーの時代の原子核物理と重なるところがあります。もしかしたら開発された技術で人間の社会がめちゃくちゃになってしまうかもしれない。そういう可能性がある点で、当時の原子核物理と現在の量子技術には通じるものがあります。

また、遠隔地に情報を送信する場合、量子もつれを使うと、原理的に途中で盗聴ができない送信法が存在することが知られています。これを「量子テレポーテーション」といいます。量子コンピュータが普及した世界では、このような技術も重要になってくるでしょう。

現在のところ、量子コンピュータの実用化まではまだまだ時間がかかると予想されていますが、量子力学が確立してから約１００年後の現在、重ね合わせという量子特有の性質を利用した新たなコンピュータが実用化に向けて大きく進展しているというのは、極めて興味深いことです。

さて、これまで紹介してきた量子論は、シュレーディンガーとハイゼンベルクによって完成させられたもので、原子の中の電子を精密に記述することに成功したことなどを見てきました。しかし、彼らによって完成させられた量子論は、相対性理論の効果が一切入っていないものでした。いわば、ニュートン力学の量子版です。原子の中の電子などは、光速に比べて十分遅いスピードで動いているとみなせるため、これでも十分だったのです。しかし、対象が光速に近いスピードで動いている場合には、このバージョンの量子力学は使えません。

第4章では、シュレーディンガーとハイゼンベルクによる量子論の完成から始まった、量子力学を相対性理論の効果を含むように拡張する試みを、現在までの物理学の発展とともに紹介していくことにします。

4章

量子力学と相対性理論を統合する【現代物理学】

4章で解き明かす謎

Q1：量子論と特殊相対性理論を組み合わせた「場の量子論」とは何か？

Q2：「反電子」がもたらす超エネルギーは利用できるのか？

Q3：「素粒子物理学」の大躍進により、何がわかったのか？

Q4：自然のあらゆる現象を説明する「4つの力」とは何か？

Q5：宇宙はどのように始まったのか？

Q6：宇宙を満たす「ダークエネルギー」の正体は？

Q7：量子論と一般相対性理論を融合する「超ひも理論」とは？

量子論と特殊相対性理論を統合した「場の量子論」

シュレーディンガーとハイゼンベルクにより、量子力学は一通りの完成を見ることができました。しかし、このバージョンの量子力学は、相対性理論の効果が一切入っていないものでした。

相対性理論の効果を含む量子力学を完成させる重要性は、当然すぐに認識され、その構築に向けた試みが始まりました。その結果生まれたのが、「場の量子論」です。これは、量子力学と特殊相対性理論を統合した理論で、英語では「quantum field theory」と言います。物理学者の間では、「QFT」とも呼ばれています。したがって、場の量子論は、「特殊相対性理論的量子力学」とも言えるでしょう。

特殊相対性理論で示された $E=mc^2$ の式により、原子の原子核について、核分裂や核融合を起こすことで、質量をエネルギーに変換したり、エネルギーを質量に変換したりできることがわかりました。一般に、特殊相対性理論では、粒子をエネルギーに変換したり、その逆をしたりすることができます。しかし、粒子の波動関数に基づくシュレーディンガーとハイゼンベルクの量子力学では、原子や電子などの粒子がエネルギーに変換されて消滅してしまうと、その先は扱うことができませんでした。そのため、粒子が生成したり消滅したりする場合であっても記述できるように、量子力学を修正する必要に迫られたのです。そこで、導入されたのが、「場」という概念でした。

場とは、空間に満ちていて、その空間が持ち得る物理的な性質を決定するものです。第1章で紹介した電磁場などは、場の一種です。電磁場は、電場と磁場を合わせたもので、その空間が持ち得る電気や磁気に対する影響を表します。電磁気学は、いわば電場や磁場が存在する空間の性質を研究する学問分野です。場の量子論では、同様に、電子にも「電子場」があると考えます。この考え方では、電子は、電子場がゆらいでいる領域に他なりません。いわば、電子場の示す値が少し大きくなっている領域を、私たちは電子と認識しているのです。

場の量子論では、場（空間）を非常に小さなます目に分割することにより、場をミクロな量子力学的な実体の集まりとして扱えるようにしました。そして、その場に、量子論のさまざまな法則を適用したのです。つまり、場を量子力学的に扱えるようにしたのが、場の量子論です。

場の量子論の構築に尽力したのが、ハイゼンベルク、パウリ、そして、イギリスの物理学者ポール・ディラックでした。ディラックも量子論の発展に大きな貢献を果たした物理学者の一人です。1928年、ディラックはシュレーディンガー方程式に、特殊相対性理論を取り込むことに成功しました。特殊相対性理論的な時空を扱えるように、シュレーディンガー方程式を修正したのです。この方程式は、「ディラック方程式」と呼ばれており、場の量子論の先駆けとなりました。

「反粒子」の発見

場の量子論は、さまざまな発見をもたらしました。その1つに、「反粒子」があります。**反粒子とは、粒子と〝逆の性質〟を持つ粒子のことです**。その存在を初めて予言したのが、ディラックでした。ディラックは、ディラック方程式を構築する過程で、電子の反粒子である「反電子」の存在を理論的に明らかにしたのです。電子がマイナス1の電荷をもっているのに対し、反電子はプラス1の電荷をもっています。それが逆の性質ということですが、このため、反電子は「陽電子」とも呼ばれています。

なお、電子と反電子に限らず、粒子と反粒子の質量は、すべて同じプラスの値を取ります。**電荷など質量以外の性質は全て反対なのですが、質量だけは同じ値を取るの**です。これは、物質に働く重力には、電磁気力などと違い、引力しかないことに起因します。

1931年、ディラックの予言通り、反電子が発見されました。アメリカの物理学者デイヴィッド・アンダーソンが、宇宙から地球に降り注ぐ「宇宙線」の中に不思議な粒子を見つけたのです。その粒子は、質量などあらゆる点で電子とそっくりでした。しかし、プラスの電荷をもっていたのです。この粒子こそが、反電子だったのです。アンダーソンはこの発見により、1936年、ノーベル物理学賞を受賞しています。実はアンダーソンは、すでに第1章、第2章で紹介したミューオンを最初に発見した人物でもあります。

このアンダーソンの反電子の発見を皮切りに、その後、反粒子が次々と見つかっていきました。これらの発見もあって、場の量子論は20世紀前半に確固たる理論として確立していくことになります。ちなみに、場の量子論によれば、私たちが真空と呼ぶ状態は、「粒子と反粒子が生成と消滅を繰り返している状態」であり、このことは後の素粒子物理学の発展に大きな影響を与えることになります。

天才ディラックの逸話

ここで、ディラックの逸話を紹介しましょう。第2章で、一般相対性理論から「宇宙は膨張もしくは収縮していなければならない」という結果が導き出され、アインシュタインが戸惑い、方程式の最後に「宇宙項」と呼ばれる項を足して帳尻合わせをしたというお話を紹介しました。実は、ディラックにも同じようなエピソードが残っているのです。

ディラックは、ディラック方程式を構築する過程で、電子と同じ質量をもつ反電子の存在を理論的に明らかにしたわけですが、当初、彼もこの結果に戸惑い、かなり思い悩んだそうです。そして、ディラックは、この反電子を、「これは陽子だ」と結論付けてしまったのです。当時、すでに原子核の中に陽子が存在することは知られており、陽子と電子では、質量が約２０００倍も異なることがわかっていました。しかし、

ディラックは、反電子のような見たことがないものが存在すると考えるよりも、すでに知られている陽子が何らかの方法で大きな質量をもったのだと考えたのです。

このエピソードから私が感じたことは、「ディラックのような天才であっても、予想もしていなかった新たなものに直面すると戸惑い、自分を信じ切ることができなくなるものなのだな」ということでした。ただし、これは、「自分自身、そして、自分が導き出した方程式を必ず最後まで信じろ」というわけではありません。実際、「そんなはずはないだろう」と感じた違和感や直感の方が正しい場合も少なくありません。ただ、そのような場合にはあまり逸話にはならないので、あまり知られていないだけだと思われます。

「反電子エンジン」は実現可能か？

さて、ディラックの反電子の予言に端を発し、場の量子論は、真空に対する従来の概念を大きく変えることとなりました。場の量子論により、**真空は、決して何も存在しない静寂な空間ではなく、至るところで粒子と反粒子がペアで生まれては消えると**

いうことが繰り返されている忙しい空間であることがわかってきたのです。粒子と反粒子が生まれることを、「対生成する」と言います。一方、対生成した粒子と反粒子はすぐに消えてしまいます。これを「対消滅する」と言います。真空の中では、対生成と対消滅が絶えず、繰り返されているのです。

反粒子は、「反物質」とも呼ばれており、SF映画にもよく登場するので、聞いたことがある人も多いのではないでしょうか。特殊相対性理論の $E=mc^2$ により、粒子と反粒子を対消滅させると、消滅した質量の分だけ、エネルギーを生み出すことができるので、多くのSF映画では、その莫大なエネルギーを利用する設定を採用しているのです。たとえば、ロケットの推進力として、「反電子エンジン」といった言葉などが出てきます。

実際、電子と反電子を対消滅させて、電子と反電子の質量をすべてエネルギーに変えることができれば、少量の電子と反電子のかたまりから、地球が一瞬にして吹き飛ぶほどのものすごい量のエネルギーを取り出すことができます。しかし、残念ながら、SF映画のように、電子と反電子の対消滅によって取り出したエネルギーを利用するといったことは、現実的には困難だと言えるでしょう。エネルギーを取り出すための物質として反電子を人工的に生成して、どこかに溜《た》めておくといったことが非常に困難だからです。実際、私たちの身体を含めすべての物質は粒子でできており、反粒子の数よりも粒子の数の方が比べものにならないくらい、圧倒的に多いのです。実は、宇宙の誕生初期には、粒子と反粒子は同数存在していたと考えられています。しかし、現在、反粒子はほとんど存在しておらず、それは、「宇宙論」における謎の1つとなっています（これを説明する理論はいくつか提案されています）。

日本人初のノーベル物理学賞を受賞した湯川秀樹

さて、場の量子論は、「素粒子物理学」と呼ばれる学問分野とともに発展していきました。**素粒子物理学とは、物質を構成する素粒子の構造と、その間に働く力の本質を研究する分野です。**素粒子とは、これ以上分解することができない最も基本的な粒子、つまり、物質を構成する最小部品のことです。英語では、「elementary particle」と言います。

場の量子論に基づき、素粒子に関する根本的な研究が始められたのは、20世紀初頭のことでした。素粒子物理学は、日本の物理学者湯川秀樹が予言した「中間子」の存在が確認されたことにより、本格的に始まることになりました。

第3章では、原子は、原子核と電子によって構成されていると説明しました。プラスの電荷をもつ原子核の周りをマイナスの電荷をもつ電子が回っているというものです。ここで、原子核と電子を引き合わせている力は、第1章でもみた「電磁気力」です。

一方で、原子核は、陽子と中性子で構成されています。陽子はプラスの電荷をもつ粒子、中性子は電荷をもたない電気的に中性な粒子です。このような粒子が小さな原子核の中で固く結びついているということは、電磁気学では説明することはできません。プラスの電荷をもった陽子同士は、電気的には反発するはずだからです。現在、原子核を構成する陽子と中性子を強く結びつけている力は「核力」と呼ばれます。

当時、核力が、一体どのようにして生まれているのかについては、物理学者たちにとって大きな謎でした。それに対し、湯川は、陽子と中性子を堅く結びつけている核力は、陽子と中性子が、「パイ中間子（核力中間子）」という未知の粒子をやり取りしているためだと予言しました。つまり、核力を媒介しているのは、パイ中間子であると考えたのです。そして、その質量を不確定性原理などから計算し、電子の約200倍と推定し、1934年に学会で、中間子論として発表しました。翌年には英文でも発表しました。しかし、大胆過ぎる説に、物理学者たちの反応は冷ややかでした。

ところが、1932年、反電子を発見したアンダーソンが、今度は、宇宙線を観測する中でパイ中間子と思われる粒子を発見したと報告しました。それにより、湯川の中間子論は、一気に世界の注目を集めるようになりました。しかし残念ながら、その後、この粒子は、パイ中間子ではないことが判明しました。この粒子こそが本書でも何度か触れてきたミューオンだったのです。

しかし、湯川の中間子論は関心を呼び、湯川は国際学会に招かれることとなりました。第二次世界大戦の勃発により、学会自体はあえなく中止となりましたが、湯川はアメリカで、アインシュタインと会って議論を交わし、パイ中間子の理論に関する自信を深めていきました。そして、遂に1947年、イギリスの物理学者セシル・パウエルが、宇宙線の軌跡から湯川が予言したパイ中間子を発見したのです。これにより、1949年、湯川は日本人初のノーベル物理学賞を受賞しました。当時の日本は戦後復興の真っ只中にありました。そうした中でのノーベル賞受賞は、日本人の希望の光となったのです。

湯川に加えて、朝永《ともなが》振一郎も、素粒子物理学の発展に大きな貢献を果たした日本人物理学者です。朝永は1965年、「量子電磁力学の基礎的な研究」により、アメリカの物理学者ファインマン、ジュリアン・シュウィンガーとともにノーベル物理学賞を共同受賞しています。

原子核の研究が加速

さて、湯川が予言したパイ中間子の発見により、原子核内に陽子と中性子が一緒に存在している理由も解明されました。パイ中間子には、プラスとマイナスの電荷をもつものがあり、陽子がプラス電荷のパイ中間子と中性子に変わるのです。さらに、このパイ中間子と中性子が一緒になり、陽子に変わります。また、中性子がマイナス電荷のパイ中間子と陽子に変わることもできます。つまり、陽子と中性子は、パイ中間子を介して、絶えず切り替わりながら結びついていたのです（後にパイ中間子には、電荷をもたないものもあることがわかります）。

この発見を機に、原子核に関する研究が一気に進みました。特殊相対性理論の$E=mc^2$により、原子核にエネルギーを与えることで、より質量の大きな原子核を作ることができることがわかり、**大型実験施設の「加速器」などを使って、原子核同士を高エネルギーで衝突させることで実際にどのような素粒子があるのか、どのような力があるかを調べていった**のです。

その結果、ラムダ粒子やシグマ粒子といった何千種類もの粒子を作ることができることがわかってきたのです。以前は、基本的な粒子は電子と陽子と中性子の3種類だけだと思われていました。自然界では、現在、元素は118種類あることが知られていますが、元素はすべて電子と陽子と中性子という3種類の粒子の組み合わせによって作られていると考えられていました。ところが、実験により、新たに何千種類もの粒子が次々と見つかってきたのです。

とはいえ、自然界に何千種類もの基本的な粒子があるというのは、不自然なことのように思えました。そこで、さらに研究を進めていった結果、**原子核を構成する最も基本的な粒子は、「クォーク」と呼ばれる粒子であり、陽子や中性子、さらにはパイ中間子、ラムダ粒子、シグマ粒子などの粒子は、すべてクォーク（とその反粒子であ**

る反クォーク）の組み合せにすぎないことがわかってきたのです。つまり、118種類ある元素が原子核の中の陽子の数の違いによるものであったのと同様に、クォーク同士の結びつき方の違いによって、粒子が何千種類もあるように見えていたのです。

「素粒子物理学」の大躍進

このように、物質を構成している粒子をどんどん細かく見ていき、その構造を解明しようというのが、素粒子物理学です。

ここからは、これまでにわかっている素粒子の構造や性質を紹介していきましょう。

現在、素粒子は、数え方にもよりますが、17種類見つかっています。これらの粒子は、現在までに行われた実験では、大きさがあるようには見えませんし、他の何かから構成されているようにも見えません。その意味で、これら17種類の粒子は「現在までの観測で確かめられた限り、素粒子」ということができます。

では、素粒子物理学が明らかにしたミクロの世界を、より詳しく見ていきましょう。

まず、原子1個のサイズは、約100億分の1（10^{-10}）メートルで、原子核のサイズはそれよりも4～5桁小さく、水素などの軽い原子核では約1000兆分の1（10^{-15}）メートルです。原子核を仮に1円玉程度の大きさと仮定すると、原子の大きさは東京ドーム1個分以上あることになります。つまり、原子はスカスカなのです。しかも、電子の質量は、原子核を構成する陽子の質量の2000分の1しかないので、原子核の周りをフケが飛んでいるかのように、ふわふわっとしています。このように、原子と原子核では大きさがまったく異なるのです。先にも述べたように、原子核と電子は、電磁気力で引き合っています。電磁気力は、原子核の中の陽子と電子が、光子を交換し合うことで、引き合っていると考えられます（後述）。

一方、原子核の中は、陽子と中性子で構成されており、陽子と中性子のサイズは約1000兆分の1（10^{-15}）メートルで、同じくらいです。陽子と中性子は、さらに小さな粒子でできています。それが「クォーク」です。クォークはこれ以上分解できない粒子なので、（少なくとも現在の私たちの知識では）素粒子です。クォークの研究は、場の量子論を使って進められてきました。現時点での観測装置の空間分解能は10^{-19}～10^{-18}メートルですが、この空間分解能でもクォークは単なる点にしか見えません。このクォークをまとめ上げて、陽子や中性子にする力のことを、「強い力」と呼んでいます。

また、陽子と中性子はクォークという素粒子でできていますが、電子はクォークではできておらず、それ自体、素粒子であるとされています。電子は、電磁気力は感じますが、強い力は感じないので、原子核の周囲をフラフラしていることになります。

実は、クォークには全部で6種類あることが判明しており、陽子と中性子を構成するクォークはそのうちの「アップクォーク」と「ダウンクォーク」という2種類であることがわかっています。陽子は2個のアップクォークと1個のダウンクォークで構成されており、「uud」と表します。一方、中性子は1個のアップクォークと2個のダウンクォークで構成されており、「udd」と表します。アップクォークはプラス3分の2の電荷、ダウンクォークはマイナス3分の1の電荷をもっています。そのため、陽子はトータルでプラス1の電荷、中性子はトータルで0の電荷をもっていることになるのです。

その他のクォークには、「チャームクォーク」「ストレンジクォーク」「トップクォーク」「ボトムクォーク」の4種類があります。**これらのクォークは、すべて強い力を感じます。**

また、**物質を構成する素粒子には、強い力を感じないものもあり、それらを「レプトン」と呼びます**。電子は、このレプトンの一つです。レプトンも全部で6種類あることがわかっています。「電子」「ミューオン」「タウ粒子」「電子ニュートリノ」「ミューニュートリノ」「タウニュートリノ」です。このうち、ニュートリノは、電磁気力も感じないため、電子とは異なり、空間をほぼ自由に飛びまわっています。

ここまでの12種類（クォーク6種類＋レプトン6種類）が、物質を構成する素粒子でした。

それに対し、**力を伝える素粒子が4種類あることが判明しています**。これらは、その理論的な構造を反映して、「ゲージ粒子」と呼ばれています。具体的には、「光子」「グルーオン」「ウィークボソン（W粒子）」「ウィークボソン（Z粒子）」の4種類です。

そして、**17種類目がクォークやレプトンに質量を与える「ヒッグス粒子」という粒子です**。理論的には、この粒子が存在するために、クォークやレプトンは質量をもつことができます。２０１２年、素粒子物理学の世界的な研究拠点ＣＥＲＮ（欧州合同原子核研究機構）でこの粒子が発見されたというニュースが世界を駆け巡りましたが、それを覚えておられる方もあるかもしれません。

なお、物質を構成する素粒子（12種類）は「フェルミ粒子（フェルミオン）」、それ以外の素粒子（5種類）は「ボース粒子（ボソン）」です（第3章を参照）。

ちなみに、日本の素粒子物理学研究の世界的な評価は高く、湯川がパイ中間子を導入したのを機に、これまで世界をけん引してきました。1987年に小柴昌俊が世界で初めて超新星爆発により生じたニュートリノの検出に成功し、2002年にノーベル物理学賞を受賞したことは記憶に新しいのではないでしょうか。

自然現象はたった4つの力で成り立っている

素粒子物理学の発展に伴い、素粒子の種類が明らかになってきたと同時に、1つ明らかになってきたことがあります。それは、自然のさまざまな現象は、突き詰めると、「電磁気力」「強い力」「弱い力」「重力」という4つの基本的な力で説明できるということです。これらの力は、力を伝える素粒子のやり取りによって発生すると考えられています。このうち、重力に関しては、素粒子の話をするうえでは重要でないので

（これについては後述します）、今は省き、残りの3つの力を紹介していきましょう。

まず、電磁気力とは、電気や磁気をもつ物質が相手を引きつけたり遠ざけたりする力です。原子核と電子は、電磁気力によって引き合っています。この電磁気力を場の量子論を使って扱うと、この力は光子をやり取りすることで生じていることがわかります。

次に、強い力とは、クォークを陽子や中性子、パイ中間子の中に閉じこめておく力です。電磁気力よりも強い力であることから、このように名付けられました。この力は、クォークがグルーオンを交換することによって生じます。摩擦力が電磁気力などの力から生じた二次的な力であるように、現在では、湯川博士が考えた核力は、この強い力の二次的な力であることがわかっています。

一方、弱い力とは、中性子がひとりで陽子に崩壊するといった、ある種の粒子が変わるプロセスを引き起こす力です。電磁気力よりも弱い力であることから、このように名付けられました。ウィークボソンがこの力を担っています。

私たちの身の周りにはさまざまな力が存在しているように思われますが、物理学者たちによる長年の理論研究、実験、観測の結果からたどり着いたのが、**自然のさまざ**

まな現象において働いている力は、すべてこれら3つの力のいずれか（と重力）に帰着されるということでした。これは、実に驚くべきことです。

しかも、素粒子物理学者たちは、クォーク、レプトン、ヒッグス粒子などが、これらの力を伝える粒子とどのように相互作用するのかを、ゲージ原理という数学的に美しい構造に基づいて、場の量子論の枠内で一本の式にまとめることに成功しました。この式は、表記の仕方にもよりますが、最もコンパクトな表記法では、一行で書くことができます。素粒子物理から原子核や物性の物理、化学、生物学、地質学に至るまで、私たちの身の回りの現象は、原理的にはすべてこの一本の式で表せるというのです！

この素粒子物理学の現在における最終形とも言える理論は、「素粒子の標準模型」と呼ばれています。素粒子の標準模型が完成したのは、今から約50年前です。約50年前までに、素粒子物理学の理論はここまで発展していたのです。

宇宙の解明に不可欠な素粒子物理学

さて、素粒子物理学の発展が私たちの日常の生活にどのような恩恵をもたらすかについては未知数ですが、宇宙の謎の解明には不可欠です。現在、素粒子物理学の研究者たちの最大の関心事は、宇宙の根本的な構成要素の解明にあります。

一般相対性理論では、重力によって時空が伸びたり歪んだりすることを理論的に解明しました。それにより、宇宙が膨張していることが示され、実際に観測によって確認されました。宇宙が膨張しているということは、逆に言うと、初期の宇宙は非常に密度が高く、そのため高温の世界だったということです。そして、このような高温高密度のもとで物質がどのように振る舞うのかを調べるためには、素粒子物理学が不可欠なのです。

では、宇宙はどうやって生まれたのでしょうか。また、宇宙の最初の頃はどのような状態だったのでしょうか。残念ながら残りの限られたスペースで現代宇宙論の詳細を紹介するのは不可能なので、それは拙著『なぜ宇宙は存在するのか　はじめての現代宇宙論』（講談社ブルーバックス）などにゆずるとして、ここでは宇宙の歴史について現状わかっていることを大雑把に見ていくことにします。

まず、**宇宙は約138億年前に誕生したことが、膨張を解析することによりわかっています。そして理論的には、宇宙が誕生して約0・1秒後からの宇宙の歴史は、ほぼ完全に解明されています。**誕生後約0・1秒の宇宙の温度は、約10億度で、陽子や中性子が飛び交う世界でした。原子核というものはまだ誕生していません。

宇宙はそこから膨張により冷却していき、**宇宙が生まれてから約1秒後から3分後の間に、初めて原子核が合成されます。**それ以前の宇宙は非常に高温だったため、陽子や中性子は非常に高いエネルギーの光子にされて、原子核の形にまとまることができなかったからです。この「ビッグバン原子核合成」と呼ばれるプロセスは、素粒子、原子核物理を使って詳細に調べることができます。具体的には、宇宙の温度が下がっていくにつれて、どのような元素がどれくらいの割合でできるかといった存在比も、計算によって割り出すことができます。そして、その計算結果と、現在の宇宙を観測して得られた結果は誤差の範囲で完全に一致しています。

ちなみに、ベリリウムよりも原子番号が大きな元素であるホウ素、炭素、窒素、酸素などは、このビッグバン原子核合成ではほとんど作られません。私たちの体は主に炭素や窒素、酸素などでできていますが、これらの元素はもっと後の時代に作られたものです。具体的には、宇宙が誕生してから1～10億年後に恒星が誕生し、その内部で起こる核反応によって作られたのです。そして、これら「第1世代」の星が寿命を迎え爆発することによって、作られた原子核が宇宙にばらまかれることになりました。それを基に作られた第2世代（か第3世代）の星の1つが私たちの太陽です。これが、私たちの太陽系に、炭素や窒素や酸素、金属などの重い元素が存在する理由です。つまり、筆者を含む私たちの体は、すべて昔の星の残骸である炭素、窒素、酸素などからできているというわけです。

さて、宇宙誕生から約1秒から3分後に原子核ができたのち、それが電子をとらえて原子ができるまでには、宇宙の温度が相当下がる必要がありました。そのため、**原子核と電子が一緒になって原子ができたのは、宇宙誕生から約38万年後のことでした。**これも、精密な計算によって割り出された値です。よく、宇宙誕生の話をすると、「科学者はそう思っているのだろうけど、自分はそうは思わない」などと言う人がいますが、思うか思わないかの話ではなく、これらは素粒子、原子核物理学による理論で導き出した結果であり、また観測とも非常に高い精度で合致しているので、そこに疑う余地はありません。

では、誕生後0・1秒より前の宇宙は、どうなっていたのでしょうか。この時代の宇宙に関する観測データは、それ以後のものより乏しくなります。しかし、さまざまな考察により、宇宙の歴史を遡っていくと、宇宙はもっと温度の高い状態にあったと考えられます。そして、その時代の宇宙がどのようなものだったかは、素粒子物理学の理論を使うことによりわかります。たとえば、宇宙誕生後約0・0001秒以前、温度にして約1兆度以上の宇宙では、極高温のため陽子や中性子などは存在できず、これらはクォークの状態にありました。そして、さらに時間を遡ると、宇宙にはさらに高温の時代があったと考えられます。このような、**初期の宇宙の超高温の状態をビッグバンと呼びます**。

ちなみに、現在では、**このような超高温のフェーズの前には、「インフレーション」と呼ばれる急激な膨張が起こったと考えられています**。インフレーションは、10^{-30}秒ほどの一瞬の間に、原子核ぐらいの大きさの領域が、現在観測可能な全宇宙くらいまで広がったクレイジーな膨張です。インフレーションの間の宇宙の温度は、あまりの急膨張のため、事実上ゼロです。しかし、インフレーションは、ほどなくして終わることになります。このインフレーションの終了時に、急膨張を引き起こすエネルギーが、熱エネルギーに転換され、宇宙は極めて高温になったのです。これが、ビッグバン宇宙の始まりだというわけです（ちなみに、ビッグバンという用語を、インフレーション以前の宇宙の本当の始まりに使う人もいますが、ここでは最近の宇宙論での潮流に従って、インフレーション終了後に高温になった状態の宇宙のことをビッグバン宇宙と呼んでいます）。

「暗黒エネルギー」、「暗黒物質」の正体とは

さて、重力により物質同士は必ず引きつけ合うことから、宇宙の膨張のスピードは減速しているはずだと考えられていました。ところが、予想に反して、１９９８年、宇宙の膨張は減速するどころか、逆に、約50億年ほど前から加速していることが観測から明らかになったのです。この結果は大きな衝撃でした。これは、**宇宙のエネルギーの大部分は、物質によるものではないということを意味しています。この宇宙の膨**

張を加速させる未知のエネルギーは、「暗黒エネルギー（ダークエネルギー）」と呼ばれています。暗黒エネルギーの候補としては、「真空のエネルギー」と呼ばれる、空間自体がもつエネルギーが有力な候補ですが、観測的にはまだ確定してはいません。現在では、この暗黒エネルギーは、宇宙全体のエネルギーの約7割を占めることがわかっています。

残りの3割が物質によるエネルギーということになりますが、**この物質の大部分も、私たちの目には見えない未知の物質、「暗黒物質（ダークマター）」であることが知られています**。この暗黒物質の存在は、最初、銀河の中の星の運動を調べることで明らかになったのですが、現在では暗黒物質の存在の証拠は多岐にわたり、その存在はほぼ疑いのないものになっています。たとえば、暗黒物質も物質である以上、重力を感じることから、その存在と位置は、先にも述べた「重力レンズ」の観測によってもわかります。この暗黒物質は、素粒子の標準模型に含まれる粒子ではないことが、観測や理論からわかっており、この粒子を直接検出することは、素粒子物理学のさらなる大きな発展につながると期待されています。

暗黒エネルギーと暗黒物質を合わせると、宇宙のエネルギー全体の約95％を占めます。つまり、エネルギーの比率で考えると、私たちは宇宙の95％を占めるものの正体を知らないということになります。そのため、これらの正体を突き止めるべく、現在、理論研究に加え、観測技術の開発、最先端の装置を使った観測が、日本を含め世界各国で進められています。

量子力学と重力の折り合いの悪さ

さて、場の量子論が確立され、量子力学と特殊相対性理論が統合されたのは、1930年頃のことでした。「次はいよいよ、量子力学と一般相対性理論の統合だ！」と、多くの物理学者が意気込み、取り組みました。しかし、これは極めて難航し、現在でも完成の目途は立っていません。

それでも、現在の理論物理学が実際上困っていないのは、量子力学の効果と重力が同時に重要になってくる場面があまりないからです。どういうことでしょうか。

それは、意外に感じるかもしれませんが、重力が極めて弱い力だからです。たとえば、陽子と電子の間に働く重力の大きさは、その間に働く電磁気力の大きさに比べて、

40桁程度も小さいのです。実際、素粒子の標準模型には、重力は入っていません。でも、それで構わないのです。重力の効果は、実験結果の40桁目にやっと現れてくるほどの大きさで、40桁の精度で実施できる実験など存在しないからです。

しかし、私たちにとっては、重力のほうがよっぽど重要に思えます。実際、私たちが地表に立っていられるのは重力のおかげですし、天体の運行なども重力に支配されています。しかしこれは、重力の、他の3つ力にはないユニークな特徴のせいなのです。私たちの体や星などのマクロな物体は、多くの素粒子からできています。これらマクロな物体においては、他の3つの力は、プラスとマイナスの間で相殺されてしまうのです。たとえば電磁気力の場合、原子は中性であり、そのためマクロな物体では引力と斥力が互いに打ち消し合って、事実上、力が消えてしまいます。しかし、重力の場合、そうはいきません。重力には引力しかないため、マクロな物体を構成する素粒子間の重力は、打ち消し合うことなく単純に足し上げられていきます。この結果、塵も積もれば山となり、マクロな物体では重力が最も重要な力となるのです。歴史上、力の中で重力が最初に見つかったのもそのためです。

しかし、粒子がたくさん集まったマクロな状態というのは、まさに量子力学の効果が均されて事実上消えてしまう状況に対応しています。そのため、**現在のところ、重力と量子力学がともに重要になってくる場面に出会うことはほとんどない**のです。そのため、量子論の効果が重要になってくる状況では、場の量子論などの量子力学を使い、また重力が重要になってくる状況では、古典力学の理論である一般相対性理論を使うということで済んでしまいます。つまり、扱う領域に応じて別々の理論を使い分けているのです。

しかし、自然界は、量子力学のルールで動いていることは事実ですし、重力が存在することも事実です。ですから、この両方が含まれている理論は必ず存在しているはずです。**重力が重要でない場面では通常の場の量子論で近似でき、量子力学の効果が重要でない場面では一般相対性理論で近似できる、何らかの理論が存在しているはずなのです。**

しかし、そのような理論は、多くの物理学者の長年の努力にもかかわらず、完成していません。単純に量子力学と一般相対性理論を融合しようとすると、ある限られた状況の下ではうまくいくものの、一般には計算結果が0＝1となるような、数学的に意味のない理論になってしまうのです。不思議なことに、**量子力学と重力は、非常に**

折り合いが悪いように見えるのです。

「超弦理論（超ひも理論）」とは

そんななか、**重力と量子力学を統合できる可能性のある理論として最有力候補とされているのが、1970年代に提唱された「超弦理論（超ひも理論）」**です。

超弦理論の構築にも数多くの物理学者が貢献しています。最初に考え出されたのは、「弦理論」でしたが、「超対称性」と呼ばれる性質を加えることで、重力も量子力学も含んだ意味のある理論が作れることがわかり、超弦理論へと段階的に発展していったのです。

大きな役割を果たした物理学者としては、イギリスの理論物理学者で、ケンブリッジ大学のマイケル・グリーン教授、アメリカの理論物理学者で、カリフォルニア工科大学のジョン・シュワルツ教授などがいます。日系アメリカ人の理論物理学者南部陽一郎も大きな貢献を果たしています。南部は、2008年に「自発的対称性の破れ」の発見で、ノーベル物理学賞を受賞しているので、ご存じの方も多いことでしょう。

では、そもそも超弦理論とは、一体どのような理論なのでしょうか。**超弦理論を一言で言えば、「物質の最小部品である素粒子が、大きさを持たない点ではなく、長さをもつ『弦（ひも）』でできている」と考える理論です。**この理論によれば、素粒子も時空もすべて、ひものようなものだと言います。

このひもに太さはないと考えられています。しかも、そのひもは絶えず振動しており、その振動の仕方の違いによって、素粒子の種類が異なるように見えるというのです。つまり、私たちが場の量子論で異なる素粒子と認識しているものは、振動の仕方が異なるだけで、1種類のひもだということです。

超弦理論によれば、ひもの長さは10^{-35}～10^{-33}メートルの範囲ではないかと考えられます。現在の観測的な空間の分解能は、加速器と呼ばれる実験装置を使うことで得られる約10^{-19}メートルが最高ですから、現在のテクノロジーの最高の空間分解能をもってしても、このひもを直接観測することはできません。

ひもは伸びたり縮んだりすることができます。また、ある程度伸びると、切れて2つに分かれたり、1つのひもの両端がくっついてリング状になったりすることもできます。1本のひもを「開いたひも」、リング状のひもを「閉じたひも」と呼びます。

超弦理論の予言の一つに、ひもは9次元の空間で振動しているというものがあります。これは、必ずしも我々の観測と矛盾するものではありません。私たちは空間を3次元でしかとらえることができませんが、残りの6次元は観測できないほど小さくなっていると考えることができるからです。

ここまで聞いただけでも、超弦理論は、非常に不可解で、かなり奇想天外な理論のようにも思えます。しかし、私たちが知る限り、このように万物の構成要素が9次元時空に存在するひもと考えたときのみ、奇跡的に針の穴を通すように、重力と量子力学を矛盾なく統合することができるのです。しかも、このように自然界の最も基本的な構成要素が量子力学的なひもであると考えると、重力は必ず存在しなければならないという結論が導かれます。これは、場の量子論に重力を根本的に組み込むことが極めて難しかった（ために実現していない）のとは、極めて対照的です。

現在のところ、超弦理論はまだ完全には完成していない理論であり、素粒子がひもでできているという証拠も見つかっていません。しかし、超弦理論は物理学におけるさまざまな疑問を解決できる可能性を秘めていることから、研究が盛んに進められています。また、ここでは説明できませんが、超弦理論からは「双対性」「ゲージ重力かれてもいます。

対応」「膜宇宙」「マルチバース（多元宇宙論）」といったさまざまな新しい概念が導

今後の大きな課題は量子論と一般相対性理論の統合

理論物理学の今後の最大の課題は、やはり量子論と一般相対性理論を統合する「量子重力理論」を完成させることです。これに向けた努力は、物理学の究極の目標である「自然界のすべての現象を統一的に記述する理論」の完成に重要な役割を果たすことが期待されています。

現在、直接観測できる領域においては、通常の量子論と一般相対性理論を継ぎ接ぎにして使うことで十分ではありますが、ブラックホールが量子的にどのような振る舞いをするのかや、時空がそのようにして始まったかなどの問いに答えるには、量子重力理論が不可欠です。この理論の完成を目指す過程の中で、物理学の新たな革命が起こることが期待されています。

補講

時間は巻き戻せるか？【統計力学】

補講で解き明かす謎

Q1：物理法則を「統計的」に理解するとはどういうことか？

Q2：「熱力学」の現代版である「統計力学」とは何か？

Q3：アインシュタインが解き明かした「ブラウン運動」とは何か？

Q4：「エントロピー」と「時間の方向性」との関係は？

Q5：「エネルギーを節約しよう」という表現を物理学的に考えると？

Q6：「時間は存在しない」とはどういうことか？

物理法則を「統計的」に理解する

現代の物理学の3本柱は「相対性理論」、「量子論」、「統計力学」です。ここまでに「相対性理論」と「量子論」については詳しく紹介してきました。ここでは、3つ目の「統計力学」について解説していきます。

第2章で、「熱力学」の現代版が統計力学であると紹介しました。ニュートン力学の現代版が相対性理論であるように、熱力学の考え方を統計的に、より根本的な要素から捉えようというのが統計力学なのです。

熱力学は、エネルギーの変換や効率を扱う学問です。元々は蒸気機関などのように、熱エネルギーをどうすれば効率的に利用できるかを追究するなかで発展しました。

統計力学は、熱力学をより深く理解するための理論です。19世紀後半に、ボルツマンが分子や原子の動きに基づいて熱力学の原理を再解釈しました。これにより、熱の動きなどの概念が、ミクロな粒子の動きの統計的性質と関係づけられるようになったのです。

20世紀に入ると、熱力学の原理をより統計的概念から再構築する動きが進みました。これが統計力学のはじまりです。ボルツマンが提唱した革命的な概念は、当時はあまり受け入れられませんでしたが、その後の研究で重要性が認識されました。統計力学の基礎を築くうえで、アインシュタインも重要な貢献をしています。彼の1905年の論文では、ブラウン運動と呼ばれる現象を統計力学的に説明しています。液体中に花粉から流出した微粒子が入ると、その微粒子がランダムに動く現象が観察されます。これがブラウン運動です。この現象は、ランダムに動く液体の分子が微粒子に衝突することによって、微粒子が動かされることにより起きています。**アインシュタインは、この現象を統計的に分析すると、一定時間後に微粒子がどの程度移動するかが予測できることを明らかにした**のです。

「温度」は原子や分子の平均的な活動量

相対性理論や量子力学は、物理的な現象を根本的に理解するための理論です。量子力学では、たとえば、2つの粒子が衝突したときにどのように振る舞うかを確率的に計算することができます。しかし、現実世界は1つや2つの粒子で成り立っているわけではなく、非常に多くの粒子から構成されています。この膨大な数の粒子の挙動を全て計算するのは、どんな高性能のコンピュータでも困難です。そのため、膨大な数の粒子の挙動を大まかに理解する必要がありました。そのために生まれたのが統計力学です。

たとえば、熱とは、実際には個々の原子や分子が乱雑に運動している状態を指します。物質が温度をもつのは、これらのミクロな運動によるものです。温度が高いというのは、原子や分子の運動が激しい状態を意味し、温度が低いというのは運動が緩やかであることを意味します。

水を加熱すると分子が速く動き、ある温度を超えると水蒸気へと状態が変わります。これを相転移と呼びます。逆に、温度をどんどん下げていくと、分子の運動は次第に遅くなり、最終的にはほとんど動かなくなります。この状態が固体、つまり氷の状態です。さらにどんどん温度を下げていって、分子が完全に止まった状態を絶対零度といいます。

温度という概念も、実際には個々の原子や分子の動きの統計的な結果です。もしすべての原子や分子の動きを追えるのであれば、温度という概念は不要です。しかし、**実際には1つひとつの原子や分子の動きを追うことはできないので、全体の平均的な活動量を温度として表している**わけです。

これは、私たちの社会にもダイレクトに生かされていて、統計力学により、蒸気機関や原子力発電において、どれだけのエネルギーが得られるかを予測することができるようになっています。

時間はなぜ一方にしか進まないのか？

また、統計力学は時間の性質についても重要な示唆を与えてくれます。時間の進行が統計的な性質によるものだと考えることができるからです。

ニュートン力学、相対性理論、量子力学は、時間の前後を区別しません。すなわち、時間の方向性の概念は入っていないのです。これに対して、私たちが感じる時間の一方向性、つまり「時間がなぜ一方にしか進まないのか？」という問いは、統計力学によって説明できる可能性があるのです。

時間の方向性を考えるうえで大切なのが、「エントロピー」という概念です。エントロピーとは乱雑さや無秩序さを示す尺度です。**自然界の事象はエントロピーが増大する、無秩序な方向に進みます。**たとえば、正確な例ではないのですが、部屋は時間が経つと、どんどん散らかっていきます。汚い部屋が時間の経過とともに自然に片付いていくことはありません。これはつまり、きれいな部屋から汚い部屋への一方向性があると考えられます。

別の例を出すと、たとえば、水の入った水槽に赤いインクを垂らすと、インクは時間とともに水全体に広がり、水全体がピンク色に染まります。しかし、いったんピンク色になった水が再び透明になって、インクが1カ所に集まることはない。つまり、時間の方向性が生まれているように見えるわけです。

この現象をミクロにみれば、インクの分子が水の分子と衝突しながら広がっているだけです。単に分子の衝突がランダムに起こっているだけで、そこに何らかの方向性があるわけではありません。理論上は、いったん水の分子の中に拡がったインクの分子が、たまたま再び1カ所に集まることもあり得ます。

しかし、当然ですが、インクが再び集まるというのは現実世界ではまず起こりませんよね。

　これはなぜかというと、ランダムに衝突が行われるとき、インクが集まって見えるパターンに比べて、水全体がピンク色に見えるパターンのほうがはるかに多いからなのです。

　単純化して考えてみます。たとえば、4×4に分かれた正方形で、インクの分子が左上に4個、それ以外のところに水分子が12個あるとします。そして、時間の経過とともに、隣り合った分子がランダムに入れ替わっていくとします。しばらく時間が経つと、インクの分子がばらばらに分かれていくはずです。このとき、理論上はスタートと同じくインクの分子が4個固まった状態に戻る可能性もありますが、それよりもインク分子がばらばらに分かれる、つまり、ピンクに見える方向に進む確率が圧倒的に高くなります。

　実際のところ、水の入った水槽には、12個どころではない水分子が存在しているので、赤いインクの分子が1カ所に集まる確率はもっと極端に低くなります。このように、統計的に見たときに、進みやすい方向に進んでいくというのが「時間の方向性」を表していると考えられるのです。

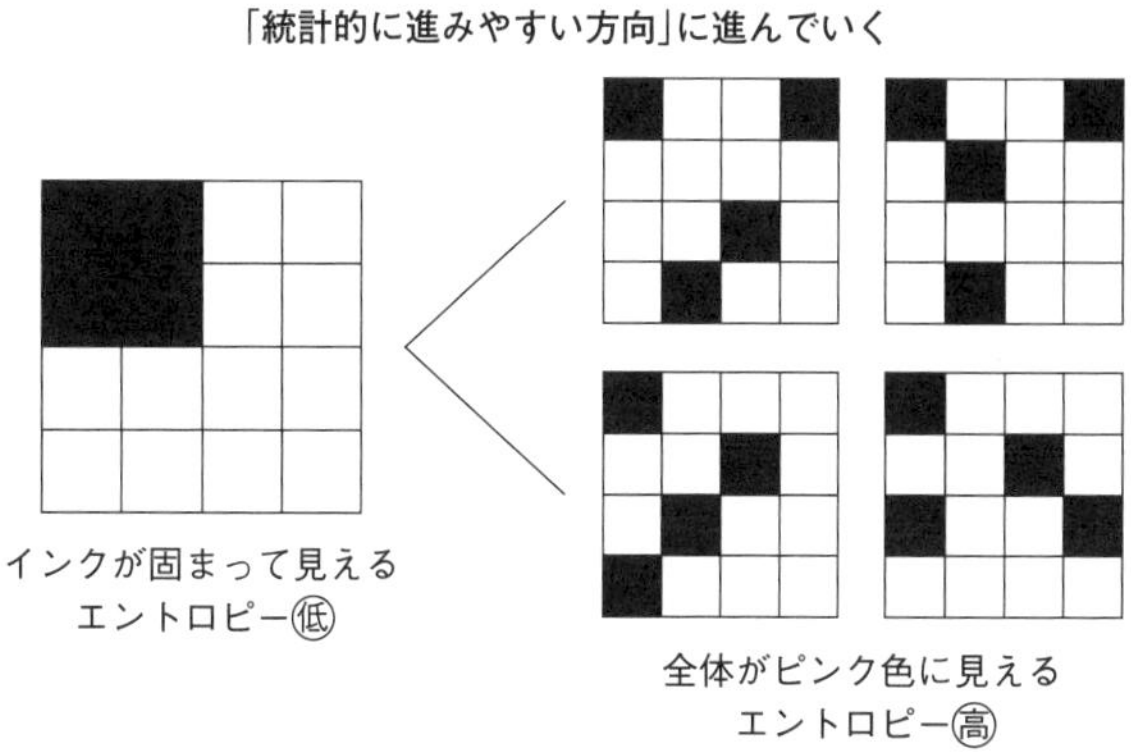
「統計的に進みやすい方向」に進んでいく
インクが固まって見える
エントロピー㊦
全体がピンク色に見える
エントロピー㊤

この概念を老化に当てはめると、体が若いままでいるよりも、老化した体に対応するパターンのほうが圧倒的に多いから、人間は必ず老いていくと考えられます。太陽や星も同じです。超新星爆発を起こすなどの最期を迎える方向に向かっていくほうが、対応するミクロのパターンが多いのです。

ということは、こうした動きを制御して、**無秩序に向かっていく方向とは逆の方向へと進ませることができれば、実質的に時間を巻き戻せる**ということです。ただし、これをミクロなレベルで完全に制御するのは極めて難しいため、実際にはほとんど不可能だというだけなのです。

×エネルギーを節約する　○エントロピーを上げない

エントロピーと対を成す概念がエネルギーです。エネルギーは「保存の法則」によって、常に保存されています。たとえば、ボールを押し出して転がすといつかは止まりますが、これはエネルギーが消滅しているわけではなく、摩擦によって、運動エネルギーが熱エネルギーに変換されているだけであって、エネルギーの総量は変わりません。

なので、「エネルギーを節約しましょう」というのは物理学的に見るとおかしいのです。エネルギーの総量は変わらないので、節約も何もないわけです。

ただし、エネルギーの総量は変わりませんが、エントロピーは増えていきます。エントロピーが小さい状態だと、エネルギーは秩序のある形で存在しているということなので、より利用しやすくなります。一方、エントロピーが大きな状態だと、エネルギーは無秩序に存在しているので、利用しにくくなってしまいます。

なので、**私たちが「エネルギーを節約しましょう」と言っているときは、実は「エ**

ントロピーを上げないようにしましょう」と言っているということなのです。それが物理学的に言う「エネルギーを節約する」という意味です。エネルギーを効率よく使うためには、なるべく秩序ある状態にとどめ、エントロピーの小さい状況にしておくことが大切なのです。

元々は産業革命期に「蒸気機関を効率的に活用するためにどうすればいいか」という社会からの要請で生まれた熱力学が、統計力学へつながり、それが時間という、私たちの世界の根源的な仕組みにも絡んでいるのは不思議で興味深いことです。

「時間が進んでいる」についての考察

統計力学的な考え方を元にもう少し時間について考察していきましょう。

たとえば、先ほどの水とインクの例で言うと、インクを水に垂らして、それが広がって、水全体がピンク色に染まるとき、私たちは時間の経過を感じることができます。でも、水がピンク色に染まったあと、ずっとその状態から変化がないように見えるとき、「時間が進んでいる」といえるでしょうか。

実際には、同じピンク色に見えていても、分子レベルで見ると、水分子とインクの分子は絶えず動いているので、そういう意味では、時間は流れています。しかし、私たちはその動きを認識できない。……なんだか話が複雑になってきました。

つまり私たちが通常「時間が進んでいる」と呼んでいるものは、マクロな世界に統計的に表れているものにすぎないのではないかということです。赤いインクを垂らして水がピンク色に染まっていく過程に私たちは時間の一方向性を感じるけれど、実は、単に分子が方向性も何もなくランダムに入れ替わっているだけで、(可能性は極端に低いけれど) インクを垂らした瞬間の状態になることもある。ピンク色に染まり切った水に私たちは時間の経過を感じないけれども、実は分子レベルでは状態は常に変化し続けている。このように、視点を変えると、**根本的なレベルにおいて「時間の一方向性」は存在していない**ことに気づきます。私たちは、統計学的に起こりやすい方向、つまりエントロピーが増大する方向に進んでいくことを「時間が進んでいる」と感じているだけなのです。

こういった視点から見ると、時間の流れの一方向性が単なる人間の認識であり、実際には存在しないという見方ができます。時間に方向性があると感じるのは、私たちが世界を認識する仕方に伴う結果なのです。

ここに私は統計力学の面白さを感じます。相対性理論や量子力学に基づいた時間の遅れや重力の話はたしかにワクワクします。しかし、時間の根源的な謎に迫ろうとすると、全体の動きを大まかに把握する統計力学が必要になるのです。それを知ってほしくて、本書のテーマである「重力」とは少しずれますが、熱力学と統計力学の話をしました。

「時間はある」とも言えるし「ない」とも言える

さて、少し話は変わりますが、よく「時間は存在しない」などといわれているのを聞いたことがある方もおられるかもしれません。これは、時間という概念がなくても、原理的には物事を説明できるという意味です。

少し哲学的な話にもなってくるようですが、よく出る例として、「イルカは存在するのか？」という問いがあります。「存在するに決まっている！」という答えが返ってくると思いますが、本当にそうでしょうか。

イルカをミクロの視点で捉えれば、物理法則に従って、原子や分子が動いているにすぎません。**これらの原子や分子の時間発展を追うのに、イルカなどという概念を導入する必要はない**のです。これをもって「イルカなんて本当は存在しない」と主張することもできます。

しかし、そのようにしてミクロに時間発展を追っていったときでも、私たちがイルカと認識するような原子と分子のパターンが、それを構成する原子や分子は入れ替わりながらも、数十年間にわたって安定して存在し続けることも事実です。そして、このパターンのことをイルカと名付けるならば、その意味ではイルカはたしかに存在します。

つまり、「存在する」という言葉の定義しだいでどうとでも言えるのです。イルカを単なる原子と分子が物理法則に従って動いているだけだから「存在しない」と言うこともできますし、数十年間、原子と分子がある種の安定したパターンとしてあり続けることから「存在する」と言うこともできるわけです。これは矛盾ではなくて、**「存在」という言葉の定義が違うだけ**なのです。

時間があるかないかという議論に関してもこれと同様です。私たちが時間と呼んで

イルカはいるか？

数十年にわたる長期間、原子と分子が安定したパターンとしてあり続けることから
イルカは存在する
物理法則に従って、原子や分子が動いているだけに過ぎないので、
イルカは存在しない

いるものは、時計の針やボールの位置、私たちの脳の中のシナプスの接続の仕方、など世界中のものの配置が、お互いに相関しているという事実を書き直したものにすぎません。高校で上級数学を学んだ方ならば、媒介変数表示と呼ばれる、xとyの間の関係を表す曲線を、tという新しい変数を導入して、x(t)、y(t)のように、xとyをともにtの関数として考えるという方法を覚えておられる方もいるかもしれません。時間とは、このtのようなものです。世界中の物体の配置の相関を簡単に表すために、便宜的に導入されたものにすぎません。

しかし、イルカは存在すると言っても間違いではないように、時間もこのような意味ではたしかに存在します。物理学者にとっては、存在するという言葉の定義はどうでもよいのです。事実としてあるのは、「**時間（イルカ）などという概念を導入しなくても物事を記述することは原理的にはできるが、その概念を導入すれば記述が非常に簡単になる**」ということだけです。そして通常この事実をもって、その概念は存在すると言っているのです。

このように、**物事の本質を根本的なところから見直すことができる、というのも物理学の魅力の一つ**だと思っています。

おわりに

本書では、おもに近世ヨーロッパに端を発する、近現代の物理学400年の歴史をざっと概観してきましたが、いかがでしたでしょうか？　ガリレオやニュートンの時代に始まり、20世紀に大きく変革された現代物理学は、今も飛躍的なスピードで発展しており、私自身もその100年後の詳細な姿は想像ができません。みなさんも本書で触れたような、物理学の発展と、それにまつわる人間ドラマにまつわるロマンを感じて頂けたら、著者として大変に嬉しく思います。

本書を貫くテーマとして、タイトルには「重力」を挙げさせてもらいました。重力は、近現代の物理学において最初に精密に定式化された力の一つです。にもかかわらず、重力は、アインシュタインによる時空の歪みとしての再定式化を経た現在でも、いまだ理論的に完全な理解を拒むミステリアスな現象でもあります。実際、20世紀に確立した現代物理学の3つの柱、「相対性理論」「量子論」「統計力学」は、いまだ完成を見ていない「量子重力理論」に、不可欠な要素として取り込まれるだろうということが期待されています。

これは、単なる願望ではなく、イスラエルの物理学者ヤコブ・ベッケンシュタイン、イギリスの物理学者スティーヴン・ホーキングらによって解明された、ブラックホールの熱力学的性質を調べることで明らかになってきたことです。この分野の近年の発展は著しく、20年前と10年前、そして10年前と現在とでは、時間や空間といったものの本質に対する理解は大きく変わっており、私自身も日々その進歩についていくこと、また微力ながら貢献することに大きな努力を払っています。

この最新の発展は、残念ながら本書で紹介することはできませんでしたが、また機会があれば、どこかで一般の方向けに書いてみたいと思います。

ここで、せっかくなのでその一端を簡単な言葉で紹介しておくと、たとえば、私たちが時空と認識しているものは、ある量子力学的な実体が量子的にもつれている状態に他ならないこと、そこに存在する物質は、「量子誤り訂正」とよばれる量子コンピュータなどにも使われているメカニズムで保護されている量子情報と見做せること、第4章でも触れた「量子テレポーテンション」は、時空の離れた点をつなぐ「ワームホール」と数学的に等価な現象とみなせることなど、驚きの事実が次々と明らかになってきています。このような最新の発展を理解するうえでも、本書で解説してきた物理学の、大雑把ではあっても基本的な知識は、役に立つのではないかと思います。

本書がどのような方にどのくらい読んでいただけるかは分かりませんが、もし物理学などにあまり触れずに人生を過ごしてきた方に、その楽しさの一端でも伝わったとするなら、それは著者冥利に尽きます。

また、若いこれから自然科学の道に進もうと考えている方に、読んでいただけることもあるかもしれません。私ごときが偉そうに言えたことでもないですが、何をやるにしても大切なことは「情熱」だと思います。本書が、次の時代を担う若者に何らかの良い刺激を与えることが出来たのなら、それもこの上なく幸せなことです。

本書は、「はじめに」でも述べたように、YouTube チャンネル『ReHacQ』で私が話した動画（https://youtu.be/jyAZpcjzxFU、https://youtu.be/hio2XdBPW5Y、https://youtu.be/DEG9OZoYzIU、https://youtu.be/4yiyaq0q6xQ）をライターの山田久美さんに文章にしていただき、それをさらに私がエディットして仕上げたものです。山田さんには、元の動画にはなかった詳細な物理学の歴史なども足していただき、大変深みのある良い本に仕上がったと思います。ありがとうございました。

また動画出演のきっかけをくださった『ReHacQ』プロデューサーの高橋弘樹さん、私の名前を高橋さんに出して頂いた成田悠輔さんにも感謝を申し上げます。特に高橋さんには、本書の元となった動画に加え、私の研究を紹介する動画や、旅番組の動画(!)などにも出していただき、感謝してもしきれません。『ReHacQ』に初出演した1年前までは、私が日本の一般の方々とこんなに触れ合う機会を持つことなどは想像もできず、そういう意味で高橋さんは文字通り私の人生を変えた方となりました。なので、今後私に何か起こった場合には、責任を取って頂こうと思っています(笑)。

そして最後になりましたが、マガジンハウスの小野寺啓さんには、本書の企画段階から完成にいたるまで、大変にお世話になりました。締め切りギリギリまで動き出さない私に、超人的な忍耐と嵐のようなリマインダー(冗談です)を送って、本書を完成まで導いていただきました。

多くの方の助けで完成した本書が、みなさんに喜んでいただけることを祈って。

2024年6月吉日　東京の某所にて　野村泰紀

※本書は、YouTubeチャンネル『ReHacQ−リハック−』で配信された動画を元に、追加の取材・再編集を行い、書籍化したものです。

【ReHacQ−リハック−】
プロデューサー／前田夢有、曹ちゃお
ディレクター／川崎剛史
制作／門倉清、向山華月、亀山和樹、有賀優
書籍担当／山口達也
企画・演出・プロデューサー／高橋弘樹
製作著作／ tonari

野村泰紀（のむら・やすのり）
1974年、神奈川県生まれ。カリフォルニア大学バークレー校教授。バークレー理論物理学センター長。ローレンス・バークレー国立研究所上席研究員、東京大学カブリ数物連携宇宙研究機構連携研究員、理化学研究所客員研究員を併任。主要な研究領域は素粒子物理学、量子重力理論、宇宙論。1996年、東京大学理学部物理学科卒業。2000年、東京大学大学院理学系研究科物理学専攻博士課程修了。理学博士。米国フェルミ国立加速器研究所、カリフォルニア大学バークレー校助教授、同准教授などを経て現職。著書に『マルチバース宇宙論入門　私たちはなぜ〈この宇宙〉にいるのか』（星海社）、『なぜ宇宙は存在するのか　はじめての現代宇宙論』（講談社）、『多元宇宙論集中講義』（扶桑社）など。

マガジンハウス新書 024

なぜ重力は存在するのか
世界の「解像度」を上げる物理学超入門

2024年7月25日　第1刷発行
2024年9月5日　第2刷発行

著　者　野村泰紀
発行者　鉄尾周一
発行所　株式会社マガジンハウス
〒104-8003　東京都中央区銀座3-13-10
書籍編集部　☎03-3545-7030
受注センター　☎049-275-1811

印刷・製本／中央精版印刷株式会社
聞き手・構成／高橋弘樹
編集協力／山田久美
ブックデザイン／TYPEFACE（CD渡邊民人、D谷関笑子）

ISBN978-4-8387-7525-5 C0242